职业教育"十三五"规划教材

TUXING TUXIANG CHULI
图形图像处理

主　编　尹贝贝　李紫蔓
副主编　张迎春　潘　莎
　　　　张婷婷　黄　岩

西北工业大学出版社
西安

【内容简介】 本书比较全面地阐述了 Photoshop CC 2018 的功能菜单以及各种实用技术，任务实例生动明确，语言通俗易懂，并将实践与理论紧密结合，目的是使学生能够熟练运用 Photoshop CC 2018 软件。本书框架结构的设计注重培养学生的综合素质和实际操作能力，力求学生所具备的技能能够与企业用人需求实现完整对接。

本书适合作为图形图像处理及相关课程的教材，也可作为各类社会培训学校相关专业的教材，同时还可供 Photoshop 初学者自学使用。

图书在版编目（CIP）数据

图形图像处理/ 尹贝贝，李紫蔓主编 . —西安：
西北工业大学出版社，2018.11
　　ISBN　978-7-5612-6321-1

　　Ⅰ. ①图… Ⅱ . ①尹… ②李… Ⅲ. ①图象处理软件
—职业教育—教材　Ⅳ. ①TP391.413

　　中国版本图书馆 CIP 数据核字（2018）第 254859 号

策划编辑：孙显章
责任编辑：付高明

出版发行：西北工业大学出版社
通信地址：西安市友谊西路 127 号　　　邮编：710072
电　　话：(029) 88493844　88491757
网　　址：www. nwpup. com
印　刷　者：陕西金和印务有限公司
开　　本：787 mm×1092 mm　　　　1/16
印　　张：16.75
字　　数：326 千字
版　　次：2018 年 11 月第 1 版　　2018 年 11 月第 1 次印刷
定　　价：50.00 元

前　　言

在创意产业快速发展的今天，掌握软件、平面设计应用技能和提高艺术设计修养是每一个准备从事设计工作的人员应该关注的。熟练的软件技能是实现创意的保证，对设计应用知识的熟练掌握可快速制作出符合行业规范的作品。因此我们组织相关专业教师针对市场需求、专业特色编写了本书。

本书比较全面地阐述 Photoshop CC 2018 的功能菜单以及各种实用技术，任务实例生动明确，语言通俗易懂，并将实践与理论紧密结合，目的是帮助学生熟练运用 Photoshop CC 2018 软件。本书框架结构的设计注重培养学生的综合素质和实际操作能力，力求让学生所具备的技能能够与企业用人需求实现完整对接。

本书由尹贝贝和李紫蔓担任主编，张迎春、潘莎、张婷婷和黄岩担任副主编。具体编写分工如下：项目一、项目二和附录由尹贝贝编写；项目五和项目九由李紫蔓编写；项目三和项目十一由张迎春编写；项目六和项目七由潘莎编写；项目八和项目十由张婷婷编写；项目四和项目十二由黄岩编写。

本书适合作为图形图像处理及相关课程的教材，也可作为各类社会培训学校相关专业的教材，同时还可供 Photoshop 初学者自学使用。

由于水平有限，书中不足之处在所难免，敬请读者批评指正。

编　者

2018 年 7 月

目　　录

项目一

初识 Photoshop CC 2018

学习目标

1. 了解 Photoshop 的发展史。
2. 认识 Photoshop CC 2018 的工作界面。
3. 掌握 Photoshop CC 2018 的基本操作。
4. 了解图形图像的基础知识。

任务一　启动和退出 Photoshop CC 2018

一、相关知识：Photoshop 的发展史

Photoshop 是一款功能强大的面向位图图像处理的软件，广泛用于图像后期处理、平面设计、广告设计、海报设计、包装设计、插画设计、网页设计、UI 设计、书籍装帧设计等诸多领域，与 CorelDRAW 和 Illustrator 并称平面设计三大软件。

20 世纪 80 年代末，美国米歇尔大学攻读博士学位的 Thomas Knoll（托马斯·诺尔）开发了一款基于苹果（Mac）电脑上显示灰阶图像的 Display 的程序。在电影特效公司的哥哥 John Knoll（约翰·诺尔）对此非常感兴趣，随即建议将 Display 编写成一款功能更为全面的图像编辑程序。经过两兄弟（见图 1-1）一年多的努力，Photoshop 的雏形随即出现，这时 Adobe 公司独具慧眼将 Photoshop 纳入麾下，在与 Adobe 程序员们（Photoshop 的启动画面中能够看到一长串名单）不懈努力下，于 1990 年 2 月发布了 Photoshop 1.0 的版本，如图 1-2 所示。此版本与现在 Windows 系统自带的"画图"组件十分相似，仅提供一些上色板、图形缩放、画笔、橡皮擦等基本功能，而且只能在 Mac 平台上使用。

图 1-1　托马斯·诺尔和约翰·诺尔两兄弟

Adobe Photoshop™ 1.0.7

图 1-2　Photoshop 1.0 版

之后 1991 年 2 月发行的 2.0 版加入了对 CMYK 颜色的支持，更直接将印刷业纳入了 Photoshop 的新用户名单。1992 年则专为 Windows 操作系统开发了 Photoshop 2.5 版，就此 Photoshop 有了更广阔的应用空间。1998 年 5 月发行的 Photoshop 5.0 版首次为中国用户提供了中文版。2003 年 9 月 Adobe 公司将 Photoshop 与旗下的其他产品组成了创作套装软件，即 Adobe Creative Suite，就此正式以 Photoshop CS（即 Photoshop 8.0 版）命名，之后一直延续到 2012 年的 Photoshop CS 6。从 2013 年开始 Adobe 公司推出了 Photoshop CC，即 Photoshop Creative Cloud，主推云服务，现已更新至 Photoshop CC 2018（2017 年发行）。

二、任务解析：Photoshop CC 2018 的启动和退出

要点提示

掌握启动和退出 Photoshop CC 2018 的方法。

任务步骤

1. 启动 Photoshop CC 2018

（1）从"开始"按钮启动。执行 Window 任务栏上"开始"→"所有程序"→"Photoshop CC 2018"菜单命令，如图 1-3 所示，即可启动 Photoshop CC 2018。

图 1-3　启动 Photoshop CC 2018

（2）从桌面快捷方式启动。双击桌面"Photoshop CC 2018"快捷图标 **Ps**，也可启动 Photoshop CC 2018，其启动界面如图 1-4 所示。

图 1-4　"Photoshop CC 2018"启动界面

2. 退出 Photoshop CC 2018

（1）单击"菜单栏"右侧"关闭"按钮 ✕ ，或执行"文件"→"退出"命令退出。也可选择【Ctrl＋Q】键退出 Photoshop CC 2018。

（2）退出时，如果当前可编辑文件没有保存，会弹出"提示保存文件"对话框，单击"是"按钮保存文件并退出；单击"否"按钮将不保存文件并退出，如图 1-5 所示。

图 1-5　"提示保存文件"对话框

任务二　认识 Photoshop CC 2018 的工作界面

一、相关知识：Photoshop CC 2018 的工作界面

Photoshop CC 2018 软件的工作界面包括菜单栏、选项栏、标题栏、工具箱、文档窗口、状态栏、控制面板等组件。打开 Photoshop CC 2018 软件后，新建一个空白文档或打开文档，即可进入 Photoshop CC 2018 工作界面，如图 1-6 所示。

图 1-6　Photoshop CC 2018 的工作界面

1. 菜单栏

菜单栏位于窗口最上端，包含 11 项主菜单，单击任意主菜单即可弹出下拉菜单，根据需要选择命令。菜单中字体显示黑色时为可操作状态，字体显示灰色时为不可操作状态；命令中带三角形图标的表明还有下一级子菜单，如图 1-7 所示。

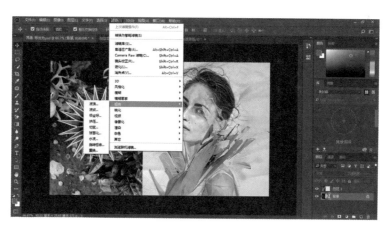

图 1-7　菜单栏

2. 选项栏

选项栏用于设置当前工具的参数设置，它属于感应命令栏，会根据选定工具的不同而产生相应的变化，如图 1-8 所示。

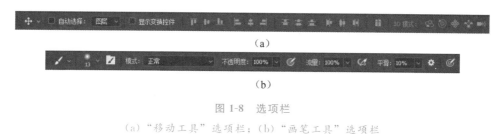

（a）

（b）

图 1-8　选项栏

（a）"移动工具"选项栏；（b）"画笔工具"选项栏

3. 标题栏

新建文档或打开已有文档时，Photoshop 会自动创建相应的标题栏，用于显示当前文档的名称、图像格式、颜色模式及窗口缩放比例等信息，如果文档中包含了多个图层，被选中的图层名称也会在标题中显示，如图 1-9 所示。

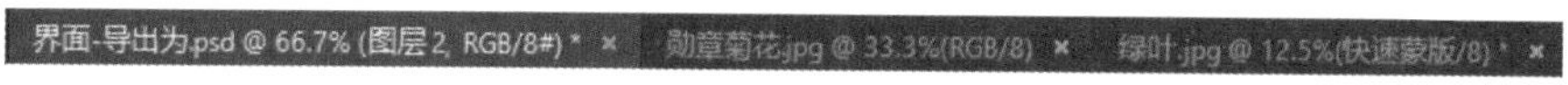

界面-导出为.psd @ 66.7%（图层2, RGB/8#）* ×　勋章菊花.jpg @ 33.3%(RGB/8) ×　绿叶.jpg @ 12.5%(快速蒙版/8) * ×

图 1-9　标题栏

4. 工具箱

在默认情况下，工具栏位于工作界面最左侧，放置 Photoshop 中用于选取、创建和编辑图像、图稿、页面元素等工具，如图 1-10 所示。工具按类别共划分为 8 组进行收纳，主要常用工具默认可见。相关工具需要点击工具图标右下角的黑色小三角标记，方可展开工具栏查看使用，如图 1-11 所示。Photoshop CC 2018 中新增了对主要工具的操作演示动图，即便零操作基础的用户也能快速领会工具的使用方法和功能，如图 1-12 所示。

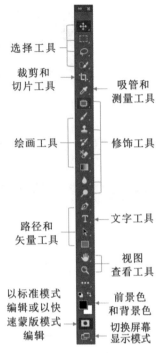

图 1-10　工具箱详图

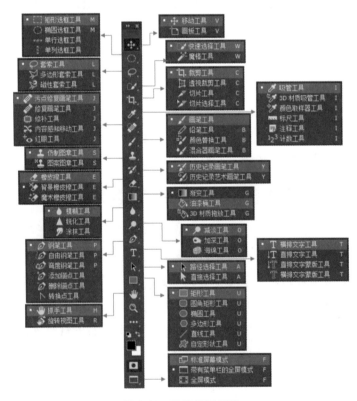

图 1-11　工具组展开栏

图 1-12 "画笔工具"的操作演示图

5. 状态栏

状态栏位于界面的最下方，包含了文档的缩放比例、存储大小、尺寸等信息，单击状态栏中的 ▶ 图标，可以显示要设置的内容。勾选"文档大小"或勾选"文档尺寸"，即可显示当前文档的尺寸，如图 1-13 所示。

图 1-13 状态栏

6. 文档窗口

文档窗口位于 Photoshop 软件正中心，是显示打开或编辑图像的区域。当打开多个文档时，单击任意一个文档窗口的标题栏即可将其设置为当前工作窗口。浮动式窗口：按住鼠标左键拖曳文档窗口中的标题栏，即可将其设置为浮动文档窗口，如图 1-14 所示。将浮动文档窗口拖曳至标题选项卡时，当系统自动出现蓝色高亮显示框时，松开鼠标即可还原为停靠状态，如图 1-15 所示。

图 1-14 浮动窗口   图 1-15 还原窗口

7. 控制面板

控制面板主要应用于执行图像相关的编辑命令、对操作进行控制以及参数的设置等，就如同一个百宝箱集合了 Photoshop 非常重要的功能，Photoshop CC 2018 中一共包含了 30 个控制面板。

二、任务解析：设置工具箱和控制面板

要点提示

（1）设置双栏式工具箱和浮动式工具箱。

（2）显示面板与隐藏面板的基本操作。

任务步骤

1. 设置工具箱

（1）按【Alt】键并单击所选工具，可依次切换工具组中的不同工具。

（2）设置工具箱样式。

双栏式工具箱：单击"工具箱"顶部的折叠图标，可以将其设置为双栏式工具箱，如图 1-16 所示，同时折叠图标会变成展开图标，再次单击，可以将其还原为单栏。

浮动式工具箱：将光标放置在折叠图标左边的图标上，然后按住鼠标左键拖曳面板（将"工具箱"拖曳至原处，即可将其还原为停靠状态）。

图 1-16　双栏式工具箱

2. 设置控制面板

（1）显示面板。执行"窗口"菜单下的任意命令即可打开面板，如执行"窗口"→"通道"命令，使"通道"命令处于勾选状态，即可在文档窗口右侧显示"通道"面板，如图 1-17 所示。

图 1-17　控制面板

（2）取消面板显示。再次单击已勾选的面板命令，即可取消。

（3）移动面板。按住鼠标左键拖曳面板标签，移动至其他面板放置区域时系统会自动出现蓝色高亮显示区，松开鼠标即可移动面板，如图 1-18 所示。如果拖移到的区域不是放置区域，该面板将在工作区中自由浮动。

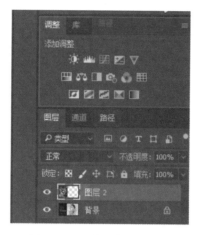

图 1-18　移动"路径"面板

任务三　新建空白文档

一、相关知识：Photoshop CC 2018 的基本操作

1. 新建文档

（1）启动 Photoshop CC 2018，单击开始工作区中的"新建"或"创建新内容"选项（也可使用【Ctrl＋N】键），如图 1-19 所示。

图 1-19　"新建"或"创建新内容"

（2）执行"文件"→"新建"命令，打开"新建文档"对话框。

1）通过"最近使用项"和"已保存"选项可以快速打开最近访问的文件和已保存的

文档，如图 1-20 所示。

图 1-20　"最近使用项"新建文档

2）从 Adobe Stock 中选择模板创建多种类别的文档，如照片、打印、图稿和插图以及胶片和视频等，可以轻松创建具有通用设置和设计元素的文档，如图 1-21 所示。

3）使用空白文档预设，针对多个类别和设备外形规格创建文档。打开预设之前，可以通过右侧的"文档预设"面板设置或修改文档相关信息，如文档名称、页面尺寸、画板方向、分辨率、颜色模式及背景颜色等，如图 1-22 所示。

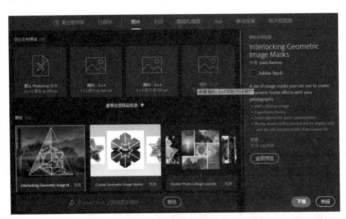

图 1-21　"模板"新建文档　　　　　　　　图 1-22　"文档预设"面板

4）右键单击标题栏中某个已打开文档的选项卡，从下拉菜单中选择新建文档，如图 1-23 所示。

图 1-23　下拉菜单新建文档

2. 打开文件

（1）启动 Photoshop CC 2018，在弹出的对话框中单击"打开"选项（也可使用【Ctrl＋O】键），如图 1-24 所示。

图 1-24 "打开"选项

（2）执行"文件"→"打开"命令，即可弹出"打开"对话框，根据文档保存的路径选择要打开的图像文件，如图 1-25 所示。

（3）执行"文件"→"打开为"命令，即可弹出"打开为"对话框打开需要的文件，并且可以设置所需要的文件格式，如图 1-26 所示。当所需要打开的文件格式的扩展名不匹配时，Photoshop 将无法正确打开，就需要在对话框中重新选择正确的格式。

图 1-25 "打开"对话框　　　　图 1-26 "打开为"对话框

（4）执行"文件"→"打开为智能对象"命令，即可弹出"打开为智能对象"对话框选择打开需要的文件，此时该文件即可自动转换为智能对象，如图 1-27 所示。"智能对象"包含了矢量图形或栅格图像的图层，保留了图像的源内容及原有特性。

（5）执行"文件"→"在 Bridge 中浏览"命令或按【Alt＋Ctrl＋O】键，即可运行 Bridge 窗口，选定文件双击即可打开。

（6）执行"文件"→"最近打开文件"命令，在下拉菜单中选择最近使用过的文件，单击打开。

图 1-27 智能对象

双击". psd"格式的文件图标，即可在打开文件的同时启动软件。选定需要打开的文件，将其拖曳到 Photoshop 的快捷图标上或拖曳到已打开的 Photoshop 窗口中，即可打开文件。

3. 文件的置入和导出

（1）置入文件。置入文件是将照片、图片或 Photoshop 支持的文件作为智能对象添加到当前操作的文档中。

执行"文件"→"置入嵌入对象"命令，在弹出的对话框中选择需要置入的文件，即

可将其置入 Photoshop 中。

1）置入文件时，置入的文件会保持原始长宽比并自动放置在画布的中间。但是如果置入的文件比当前编辑的图像大，那么该文件将被重新调整到与画布相同大小的尺寸。

2）置入文件后，可以对作为智能对象的图像进行缩放、定位、斜切、旋转或变形操作，并且不会降低图像的质量。

（2）导出文件。

1）执行"文件"→"导出"命令，使文件按照相关导出命令进行导出，如图 1-28 所示。

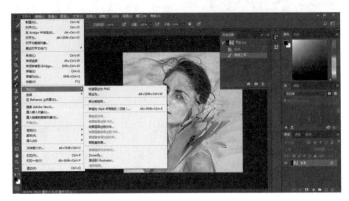

图 1-28　"文件"→"导出"命令

2）存储为 Web 所用格式（旧版）或使用【Alt＋Shift＋Ctrl＋S】键：执行"文件"→"导出"→"存储为 Web 所用格式"命令，可导出为 gif，jpg，png，wbmp 四种格式的图像，根据用途调整设置参数，即可导出不同品质大小的图像文件，如图 1-29 所示。

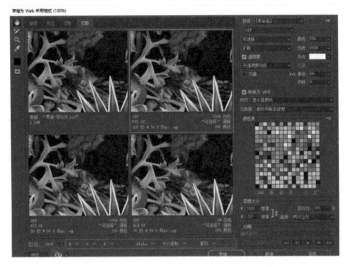

图 1-29　"存储为 Web 所用格式"对话框

4. 存储

（1）使用【Ctrl＋S】键或执行"文件"→"存储"命令进行文件保存。Photoshop 默认的保存格式为".psd"。

（2）使用【Ctrl＋Shift＋S】键或执行"文件"→"存储为"命令，即可打开"另存为"对话框，在其中可以将当前文件以不同图像格式、不同文件名保存，原文件保留不变，如图 1-30 所示。

5. 关闭与退出

（1）使用【Ctrl＋W】键或执行"文件"→"关闭"或"全部关闭"（可用【Alt＋Ctrl＋W】键）命令或直接关闭标题栏标签右侧的关闭按钮，即可关闭文档。

（2）使用【Ctrl＋Q】键或执行"文件"→"退出"命令，即可直接关闭软件。

应用以上命令时，已保存的文件将直接关闭或退出，如果未保存将会弹出"是否保存对文档的更改"对话框，如图 1-31 所示。

图 1-30 "另存为"对话框　　　　图 1-31 "是否保存对文档的更改"对话框

二、任务解析：在 Photoshop CC 2018 中设置文档参数并存储

要点提示

（1）启动 Photoshop CC 2018 软件。

（2）设置新建文档参数。

（3）分别存储为".psd"和".jpeg"格式。

任务步骤

（1）双击桌面"Photoshop CC 2018"快捷图标 **Ps**，启动 Photoshop CC 2018 软件。

（2）执行"文件"→"新建"命令，或按【Ctrl＋N】键，弹出"新建文档"对话框，选择在对话框的预设详情信息中设置文档信息。设置文档名称为"新建空白文档"，宽度为"400 像素"，高度为"200 像素"，方向为"横向"，分辨率为"300 像素/英寸"，颜色模式为"RGB"，背景颜色为"白色"的空白文档，如图 1-32 所示，完成效果如图1-33所示。

图 1-32 "新建文档"对话框

图 1-33 新建文档效果

（3）执行"文件"→"存储为"命令，即可打开"另存为"对话框，输入文件名为"新建空白文档"，保存类型为".psd"，单击"保存"按钮，单击"确定"按钮。存储为".psd"格式的文档打开效果如图 1-34 所示。

图 1-34 存储为".psd"格式的文档打开效果

（4）按【Shift＋Ctrl＋S】键，打开"另存为"对话框，输入文件名为"新建空白文档"，将保存类型设置为".jpeg"，单击"保存"按钮，弹出".jpeg选项"对话框，单击"确定"按钮即可保存，如图1-35所示。

图1-35　".jpeg选项"对话框

任务四　基础辅助工具

一、相关知识：缩放工具、抓手工具、旋转视图工具及辅助工具

1. 查看图像窗口

（1）"缩放工具"【Z】。选择工具箱中的"缩放工具"在绘图窗口中，单击鼠标左键将成比例放大或缩小图形，多次单击将逐步放大或缩小；也可以使用"缩放工具"在图像上向外或向内拖动鼠标，可分别放大或缩小图像，如图1-36所示。快捷方式：放大按【Ctrl＋＋】键和缩小按【Ctrl＋－】键。

（a）　　　　　　　　（b）　　　　　　　　（c）

图1-36　缩放工具使用效果

（a）"缩放工具"操作图；（b）图像原图；（c）放大后的效果

（2）"抓手工具"和"旋转视图工具"。

1）"抓手工具"【H】。

当放大图像细节修改时，可以通过"抓手工具"移动画面查看或编辑更多细节，如图1-37所示。当使用其他工具编辑图像时，按下空格键可快速切换到抓手状态，松开空格键可自动切换回之前正在使用的工具。

（a）

（b）

图1-37　"抓手工具"使用效果

（a）"抓手工具"操作图；（b）利用"抓手工具"移动画布

2）"旋转视图工具"【R】。

"旋转视图工具"　在不破坏原图的情况下旋转画布，以方便从不同角度观察图像，如图1-38所示。双击"旋转视图工具"即可恢复图像的原始角度。

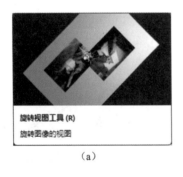

（a）

（b）

图1-38　"旋转视图工具"使用效果

（a）"旋转视图工具"操作图；（b）利用"旋转视图工具"旋转图像

（3）"导航器"。执行"窗口"→"导航器"命令，弹出"导航器"面板。在"导航器"面板下方通过鼠标拖动三角滑块，可以放大或缩小图像，如图1-39所示；将光标移动到缩略图的红色方框中按下鼠标左键拖动，可查看图像的相应区域，如图1-40所示。

图 1-39　通过"导航器"面板放大或缩小图像

图 1-40　通过"导航器"面板移动查看图像细节

（4）排列、叠放及匹配方式。在 Photoshop 中打开多个文档时，可执行"窗口"→"排列"命令选择合适的文档的排列方式，同时还可以选择浮动窗口的叠放方式以及匹配方式，如图 1-41 所示。

图 1-41　"窗口"→"排列"命令

执行"窗口"→"排列"→"四联"命令，效果如图 1-42 所示。

图 1-42　四联排列方式

（5）"屏幕模式"。在"工具箱"中单击"屏幕模式"按钮，在展开的菜单列表中可以根据需要选择不同的 3 种屏幕显示模式，如图 1-43 所示，其中包括"标准屏幕模式""带有菜单栏的全屏模式""全屏模式"，如图 1-44 所示。按【Esc】键可退出全屏模式，按【F】键可在各种屏幕模式之间进行切换。

图 1-43　屏幕显示的 3 种模式

（a）　　　　　　　　　（b）　　　　　　　　　（c）

图 1-44　屏幕模式

（a）标准屏幕模式；（b）带有菜单栏的全屏模式；（c）全屏模式

2. 标尺、参考线、网格辅助工具的使用

进行图像处理时，通常会借助标尺、参考线、网格等辅助工具快速准确地对齐、测量和定位图像，提高工作效率。

（1）标尺【Ctrl+R】。执行"视图"→"标尺"命令，即可在绘图窗口的顶部和左侧打开或隐藏标尺。

（2）参考线。

1）手动设置参考线。使用工具箱中的"移动工具"在水平或垂直标尺上单击鼠标左键向绘图窗口中拖曳即可。清除时，直接拖曳出绘图页面。按住【Shift】键拖曳参考线可以与标尺上的刻度对齐。

2）菜单命令设置参考线。执行"视图"→"新建参考线"命令，即可精确设置参考线位置，如图1-45所示。根据操作需要，选择与参考线相应命令，如图1-46所示。

图1-45 设置参考线 　　　　　图1-46 参考线相应命令

3）隐藏参考线。执行"视图"→"显示额外内容"命令，取消"显示额外内容"的选择，即可隐藏；或按快捷键【Ctrl＋H】。

（3）网格。网格是水平和垂直交叉的线或点，常用于布置对称图像。执行"视图"→"显示"→"网格"命令，即可实现视图网格的显示与隐藏，如图1-47所示。执行"视图"→"对齐到"→"网格"命令，勾选对齐功能，即可在创建选区或移动图像等操作时，对象将自动对齐到网格图。

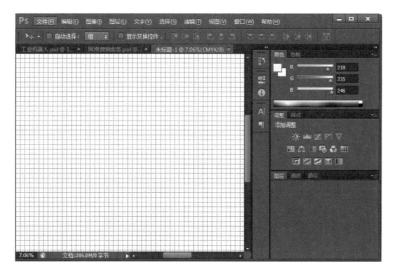

图1-47 网格

二、任务解析：装饰画相框制作

要点提示

（1）打开文档。

（2）设置标尺和参考线。

（3）置入素材文件并使用"移动工具"根据参考线微调位置。

（4）使用"缩放工具"观察细节。

（5）存储为".psd"。

任务步骤

（1）双击桌面"Photoshop CC 2018"快捷图标 **Ps**，启动 Photoshop CC 2018 软件。

（2）执行菜单"文件"→"打开"命令或按【Ctrl＋O】快捷键，弹出"打开"对话框，根据路径选择"背景.psd"文档，在 Photoshop 中打开，如图 1-48 所示。

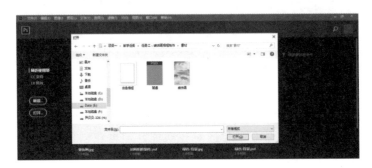

图 1-48　"打开"对话框

（3）执行菜单"视图"→"标尺"命令或按【Ctrl＋R】快捷键，使标尺在文档窗口的左边和上边显示。

（4）执行菜单"视图"→"新建参考线"命令，在"新建参考线"对话框中，分别设置位置为"3 厘米"和"21 厘米"处添加垂直参考线；设置位置为"3 厘米"和"27 厘米"处添加水平参考线，如图 1-49 所示。

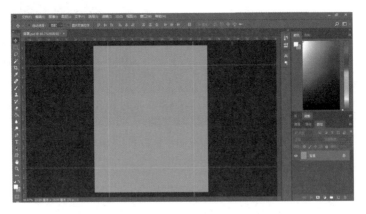

图 1-49　添加参考线

（5）执行菜单"文件"→"置入嵌入对象"命令，在"置入嵌入对象"对话框中选择"白色相框.png"，如图 1-50 所示。单击"置入"按钮，置入素材，再按【Enter】键确定置入，置入素材效果如图 1-51 所示。

图 1-50　"置入嵌入对象"对话框

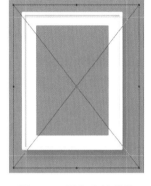

图 1-51　置入素材效果

（6）执行菜单"视图"→"显示"→"智能参考线"命令，使智能参考线处于勾选状态。

（7）使用工具箱中的"移动工具" ，拖动"相框.png"素材图层移动对齐到参考线左上角时，智能参考线将显示"洋红色"的高亮凸显状态，此时松开鼠标左键，如图1-52所示。

（8）选择工具箱中的"缩放工具" ，连续单击画框左上角，放大图像，观察素材的对齐情况，如图 1-53 所示。如未对齐，可使用键盘上的方向键微调素材的位置。调整完毕后，在属性栏上单击"适合屏幕"按钮 适合屏幕 ，将当前图像窗口缩放至屏幕大小，如图1-54所示。

图 1-52　移动相框素材

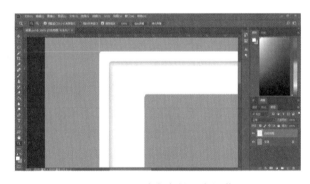

图 1-53　放大素材观察细节

图 1-54　缩放至"适合屏幕"大小

（9）使用工具箱中的"移动工具" ✛ ，在垂直标尺上按鼠标左键向文档窗口拖曳，即可拖曳出参考线，并移动对齐到相框左边框内侧，松开鼠标即可。用同样的方法分别在相框内侧设置参考线，如图 1-55 所示。

（10）参照步骤（5）的方法置入"装饰画.jpg"素材；参照步骤（7）（8）的方法调整素材位置，如图 1-56 所示。

（11）执行菜单"视图"→"清除参考线"命令，将参考线清除，如图 1-57 所示。

图 1-55　设置相框内侧参考线　　　图 1-56　调整素材　　　图 1-57　清除参考线

（12）执行菜单"文件"→"存储为"命令，打开"另存为"对话框，输入文件名为"装饰画相框制作"，保存类型为".psd"，单击"保存"按钮，弹出"Photoshop 格式选项"对话框，单击"确定"按钮，如图 1-58 所示。

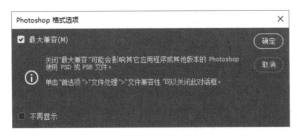

图 1-58　"Photoshop 格式选项"对话框

课后练习

☞ 填空题

1. 20 世纪＿＿＿＿＿＿年代末，美国米歇尔大学攻读博士学位的＿＿＿＿＿＿＿＿＿开发了一款基于苹果（Mac）电脑上显示＿＿＿＿＿＿＿的 Display 的程序。于＿＿＿＿＿＿年 2 月发布了 Photoshop 1.0 的版本。

2. Photoshop CC 2018 软件的工作界面包括＿＿＿＿＿＿＿＿、＿＿＿＿＿＿＿＿、＿＿＿＿＿＿＿、＿＿＿＿＿＿＿、＿＿＿＿＿＿＿、＿＿＿＿＿＿＿、＿＿＿＿＿＿＿等组件。

☞ **单选题**

1. Photoshop CC 2018 的文件，在保存时的默认格式是（　　）。

A. jpg　　　　　　B. psd　　　　　　C. cdr　　　　　　D. tiff

2. Photoshop CC 2018 中，新建文档的快捷方式是（　　）。

A. Ctrl＋Shift＋N　　　　　　B. Ctrl＋O

C. Ctrl＋N　　　　　　　　　D. Ctrl＋D

3. Photoshop CC 2018 中，存储的快捷键是（　　），存储为的快捷方式是（　　）。

A. Ctrl＋Shift＋S　　　　　　B. Ctrl＋E

C. Ctrl＋S　　　　　　　　　D. Ctrl＋I

☞ **简答题**

1. 简述 Photoshop 的发展史。

2. Photoshop CC 2018 工作界面的组成主要有哪些？

3. 简述新建文档的几种方法。

☞ **操作题**

1. 新建名称为"新建文档"，宽度和高度均为"400 像素"，分辨率为"300 像素/英寸"，颜色模式为"RGB"，背景颜色为"黑色"的空白文档。

2. 上网搜集素材，设计合成一幅自己喜欢的作品，保存图像文件后，再利用"导出为"命令，导出不同的文件类型并进行文件大小的比较。

项目 二

图像的基本操作

学习目标

1. 掌握了解 Photoshop 的图像的相关术语。
2. 掌握图像的基本概念和操作。
3. 掌握调整图像和画布大小。
4. 掌握图像的移动和变换。

任务一 认识 Photoshop 中的图像

一、相关知识：图像

1. 像素和分辨率

（1）像素。像素是组成图像的最小元素，每个像素都拥有特定的位置和颜色值。在 Photoshop 中把图像放大数倍后，眼前就会呈现出许许多多不同色彩的小方块，而这些小方块就是构成图像的最小单位"像素"。所以当图像中所包含的像素点越多，图像色彩信息就越丰富，显示质量就越高，同时文件占有的磁盘空间也就越大。在 Photoshop 中对图像进行绘制、修改、剪切、复制或调色时，实际上都是在改变像素。

像素的尺寸是指图像的宽度和高度的像素数，如图 2-1 所示。

像素大小为800×825　　像素大小为400×413　像素大小为200×207

图 2-1　像素尺寸

（2）分辨率。分辨率是指单位面积内的像素数，每英寸或每厘米的像素数越多，分辨率就越高。如果图像的分辨率是 72 像素/英寸，即每英寸 72 个像素，每平方英寸上有5 184个像素（72 像素宽×72 像素高＝5 184）。

图像的尺寸及清晰度是由图像的像素与分辨率来控制的。当图像中的像素数是固定时，增加图像的尺寸将降低其分辨率，反之也同样降低。

在 Photoshop 中，执行"图像"→"图像大小"命令，即可打开"图像大小"对话框，即可在对话框中查看图像的大小及分辨率。

2. 位图和矢量图

根据不同的原理，计算机中所使用的图形图像分为位图和矢量图两种类型。

（1）位图。位图是由像素来描绘和保存图像的，也称点阵图、栅格图。相对于矢量图，在处理位图时所编辑的对象是像素而不是对象或形状。位图的图像质量取决于单位面积中像素的多少，也就是分辨率。每英寸的像素数越多，颜色之间的过渡越平滑，图像越清晰，同时文件也就越大。位图表现力强、层次多，色彩丰富、线条细腻，更容易模拟照片的真实效果，但放大到一定尺度时，像素点就会显示为一个个小方格，图像变得模糊，边缘出现齿状，如图 2-2 所示。基于位图的软件主要有 Photoshop，Painter 等。

（2）矢量图。矢量图是用数学的计算方式来记录线条和曲线所构成的图形，也被称为矢量图形或矢量对象，每个对象都具有颜色、形状、轮廓、大小和屏幕位置等属性。矢量图形保存图像信息的方法与分辨率无关，所以矢量图在进行放大、缩小或旋转等操作时，图形对象中的细节、清晰度和边缘的平滑度都不会发生改变，如图 2-3 所示。矢量图形尤其适用于标志设计、图案设计、文字设计、版式设计等，它所生成文件也比位图文件要小。基于矢量绘画的软件主要有 CorelDRAW，Illustrator 等。

图 2-2　位图

图 2-3　矢量图

3. 图像颜色模式

图像的颜色模式是一种记录图像颜色的方式。在 Photoshop 中，颜色模式有位图、灰度、双色调、索引颜色、RGB、CMYK 式、Lab 颜色和多通道等模式，如图 2-4 所示。因此只有了解不同颜色模式，才能更准确地描述、修改和处理图像色调。也因此可以根据不同的用途进行颜色模式的转换或准确设定颜色模式，如 RGB 模式转为 CMYK 模式时，最

好先转为 Lab 模式，再如图像输出打印时须采用 CMYK 模式，当用于屏幕显示时可设置为 RGB 模式。

图 2-4　Photoshop 中的颜色模式

（1）RGB 颜色模式。RGB 是 Photoshop 默认的颜色模式，它由自然界中的红（Red）、绿（Green）、蓝（Blue）三色光组合而成，每一种颜色的取值范围是"0～255"，当三种颜色取值均为 0 时，显示为黑色，当取值均为 255 时，显示为白色，因此它被称为加色混合，如图 2-5 所示。当日常扫描输入或绘制图像时基本都使用 RGB 颜色模式存储图片。在 RGB 模式下处理图像比较方便，而且比 CMYK 模式的图像文件要小，可以节省更多的内存和磁盘空间。但 RGB 模式不适于打印输出。

（2）CMYK 颜色模式。CMYK 是专用于印刷的颜色模式，由分色印刷的青色（Cyan）、洋红（Magenta）、黄色（Yellow）和黑色（Key Plate，为定位套版色，黑色）四种颜色混合而成。CMYK 色彩模式是减色模式，颜色取值范围在"0％～100％"之间，当四种颜色均为 0％时，显示为白色，如图 2-6 所示。这种模式的图像文件占用存储空间较大，因此在进行图像处理时一般不使用 CMYK 颜色模式。

图 2-5　RGB 加色混合　　　　　　　　图 2-6　CMYK 减色混合

（3）位图模式。位图模式在 Photoshop 中是用黑色或白色的像素块表现图像的一种颜色模式。将图像转换为位图模式会使图像减少到黑白两色，同时文件大小变小。

（4）图像的文件格式。图像的文件格式是指计算机存储图形图像文件的方法、图像信息的格式。不同的图像格式所包含的信息不同，文件大小也存在很大的差别。". psd"格式是 Photoshop 软件默认生成的可编辑存储格式。

二、任务解析：颜色模式对比

要点提示

（1）充分了解 RGB 颜色模式与 CMYK 颜色模式的特点与区别。

（2）掌握把 RGB 颜色模式转换为位图模式的操作方法。

任务步骤

1. CMYK 和 RGB 颜色模式对比

在 CMYK 模式下，Photoshop 中的多种滤镜将呈现不可用状态，因此一般只在印刷时才将图像转换为此种模式。CMYK 和 RGB 颜色模式对比如图 2-7 所示。

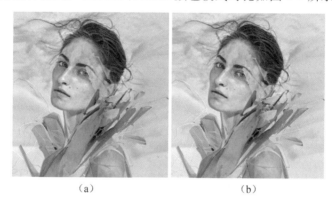

（a）　　　　　　　　　（b）

图 2-7　CMYK 和 RGB 颜色模式对比

（a）CMYK 颜色模式；（b）RGB 颜色模式

2. RGB 颜色模式转位图模式

要将图像转换为位图模式，需由 RGB 模式转为灰度模式（执行"图像"→"模式"→"灰度"命令），位图模式才呈现可用状态，如图 2-8 所示。

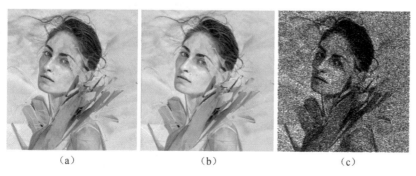

（a）　　　　　　　　（b）　　　　　　　　（c）

图 2-8　RGB 颜色模式转位图模式

（a）原图 RGB 颜色模式；（b）中转至灰度模式；（c）转为位图模式

任务二 处理图像

一、相关知识：图像的操作

在进行图像编辑与处理时，可根据设计需求调整画布与图像尺寸。

1. 调整画布大小与旋转画布

（1）调整画布大小。画布是显示、绘制和编辑图像的工作区域，调整画布大小可以既增大图像四周的空白区域，又可以裁剪掉不需要的图像边缘。

执行"图像"→"画布大小"命令或按【Alt＋Ctrl＋C】键，弹出"画布大小"对话框，如图2-9所示。在对话框中可以设置画布的宽度、高度、定位和扩展背景颜色。

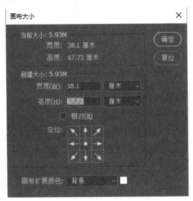

图2-9 "画布大小"对话框

（2）旋转画布。执行"图像"→"图像旋转"命令下提供了180度、顺时针90度、逆时针90度、任意角度、水平翻转画布、垂直翻转画布6个旋转操作，如图2-10所示。其中执行"任意角度"命令时，弹出"旋转画布"对话框，可在"角度"文本框中输入精确的旋转数值，单击"确定"按钮，完成旋转效果，如图2-11所示。

图2-10 菜单"图像旋转"命令的子选项　　　图2-11 "任意角度"命令效果

2. 调整图像大小

执行"图像"→"图像大小"命令或使用【Ctrl＋Alt＋I】键，将弹出"图像大小"对话框，参数设置如图 2-12 所示。通过"图像大小"命令可以修改图像的尺寸和分辨率。当图像的宽度和高度值或分辨率值越高时，所占用磁盘空间也就越大，反之则越小，如图 2-13 所示。

图 2-12　分辨率为 72 像素/英寸的原图大小

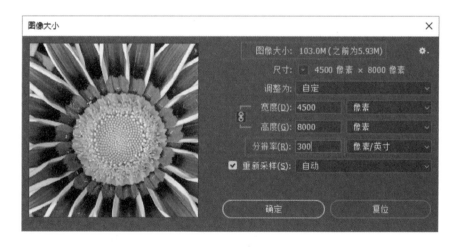

图 2-13　修改分辨率为 300 像素/英寸

3. 裁剪与透视裁剪图像

裁剪图像的主要目的是调整图像的大小，删除不需要的内容，以此来加强或突出构图效果，也可修改画布的大小。

（1）"裁剪工具"。鼠标单击工具箱中的"裁剪工具"按钮 ，在图像周围显示裁剪的标记。根据需要可将光标放置在裁剪框的 8 个控制点上的任意一点，按住鼠标拖曳控制

点即可选择要保留的区域或旋转图像，然后按【Enter】键或双击鼠标左键完成最终裁剪，如图2-14所示。

（a）　　　　　　　　　　（b）　　　　　　　　　　（c）

图 2-14　裁剪工具的使用

（a）修改前；（b）修改调整中；（c）修改后效果

"裁剪工具"选项栏如图 2-15 所示。

图 2-15　"裁剪工具"选项栏

（2）"透视裁剪工具"。"透视裁剪工具" [图] 可以将图像中的某个区域裁剪下来作为纹理或仅校正透视出现问题的区域，如图 2-16 所示，其最大的优点在于可以通过绘制出正确的透视形状告诉 Photoshop 哪里是要被校正的图像区域。

图 2-16　"透视裁剪工具"使用效果

4. 撤销、返回与恢复操作

在图像处理的过程中，当对前一步的操作效果不满意时，可以使用 Photoshop 提供的撤销与恢复功能进行重新的编辑更正。

（1）还原与重做：按【Ctrl＋Z】键。

（2）返回：后退一步按【Alt＋Ctrl＋Z】键，前进一步按【Shift＋Ctrl＋Z】键。

（3）恢复：按【F12】键。

5. 复制、拷贝和粘贴、剪切图像

（1）"复制"命令。执行"图像"→"复制"命令，弹出"复制图像"对话框，如图2-17所示，单击"确定"按钮，即可在标题栏上生成"文件名＋拷贝.psd"的文件，如图2-18所示，是对打开文档可编辑功能的完全复制，如图2-19所示。勾选"仅复制合并的图层"复选框，复制的图像将自动合并可视图层，删除不可视图层。

图 2-17 "复制图像"对话框　　　图 2-18 生成"文件名＋拷贝.psd"的文件

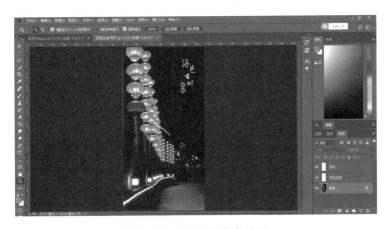

图 2-19 "复制"命令效果

（2）"拷贝"与"粘贴"命令。使用"选择工具"选中需要拷贝的图像，然后执行"编辑"→"拷贝"命令或使用【Ctrl＋C】键，将图像复制到剪贴板上，完成拷贝操作，再执行"编辑"→"粘贴"命令或使用【Ctrl＋V】键，即可生成新的拷贝图层完成图像粘贴操作，如图2-20所示。

图 2-20 拷贝和粘贴的效果

　　当需要拷贝的文档中包含多个图层时，如图 2-21 所示，按【Ctrl＋A】键全选图像，再执行"编辑"→"合并拷贝"命令或按【Ctrl＋Shift＋C】键，可以将所有可见图层复制并合并到剪切板中。接着再执行"编辑"→"粘贴"命令可以将合并复制的图像粘贴到当前文档或其他文档中，如图 2-22 所示。

图 2-21　多图层文档

图 2-22　合并拷贝多个图层

　　（3）"剪切"命令。使用选区工具在图像中创建选区后，执行"编辑"→"剪切"命令或使用【Ctrl＋X】键，可以将选区中的内容剪切到剪贴板上。再按【Ctrl＋V】键，将剪切的图像粘贴到文档中，并生成一个新的图层。

　　（4）"清除"命令。在"普通"层设置选区，执行"编辑"→"清除"命令，可以清除选区中的图像，如图 2-23 所示。

图 2-23　清除选区中的图像

　　在"背景"层设置选区，执行"编辑"→"清除"命令，清除"背景"图层上的图像，被清除的区域将自动填充背景色，如图 2-24 所示。如果按【Delete】键清除，即可弹出"填充"对话框，"内容"默认为"内容识别"，单击"确定"按钮，系统会自动填充与清除区域相近的填充效果，如图 2-25 所示。

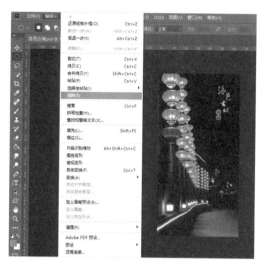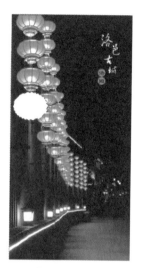

图 2-24　清除"背景"图层的图像

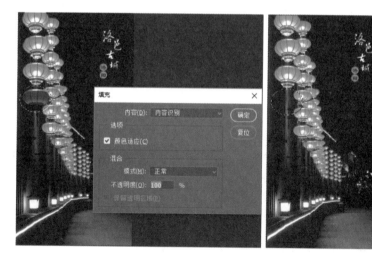

图 2-25　【Delete】键清除"背景"层选区效果

二、任务解析：燃烧吧青春

要点提示

（1）打开 PSD 文档素材。

（2）旋转图像并多次执行"风"滤镜，制作被风吹的文字效果。

（3）还原画布状态，多次执行"波纹"滤镜对文字设置扭曲效果。

（4）对图像颜色模式进行多次转换。

（5）裁切图像，最终完成火焰字的文字效果。

任务步骤

（1）双击桌面上的"Photoshop CC 2018"快捷图标 **Ps**，启动 Photoshop CC 2018。

（2）在新建界面中单击"打开"选项，弹出"打开"对话框，选择"燃烧吧青春 \ 素材 . psd"，在 Photoshop 中打开素材，如图 2-26 所示。

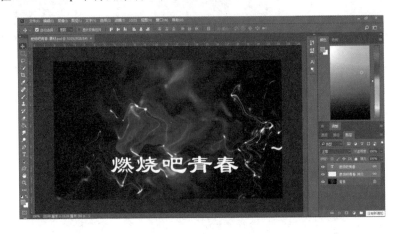

图 2-26　打开素材

（3）执行"图像"→"图像旋转"→"顺时针 90 度"命令，完成旋转效果如图 2-27 所示。

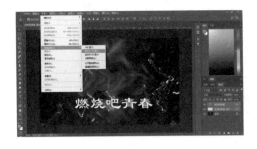

图 2-27　图像顺时针旋转 90 度

（4）选择工具箱中的"缩放工具" 🔍，在选项栏上单击"适合屏幕"按钮 适合屏幕，将当前图像窗口缩放至屏幕大小。

（5）选择"图层"面板中的"燃烧吧青春 拷贝"图层，如图 2-28 所示。执行"滤镜"→"风格化"→"风"命令，打开"风"对话框设置参数，方法"风"、方向"从左"，如图 2-28 所示。

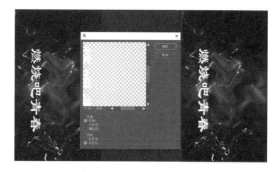

图 2-28　执行"滤镜"→"风格化"→"风"命令

（6）多次执行"滤镜"→"风格化"→"风"命令或多次按【Alt＋Ctrl＋F】键，完成效果如图 2-29 所示。

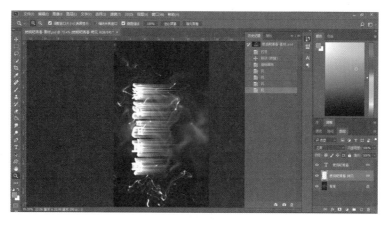

图 2-29　多次执行风滤镜的效果

（7）执行"图像"→"图像旋转"→"逆时针 90 度"命令。

（8）执行"滤镜"→"扭曲"→"波纹"命令，在打开的"波纹"对话框中应用默认参数值并单击"确定"按钮，如图 2-30 所示，效果如图 2-31 所示。

图 2-30　"波纹"对话框　　　　图 2-31　执行波纹滤镜效果

（9）再次选择"滤镜"→"扭曲"→"波纹"命令或按【Alt＋Ctrl＋F】键，设置"波纹"滤镜，其效果如图 2-32 所示。

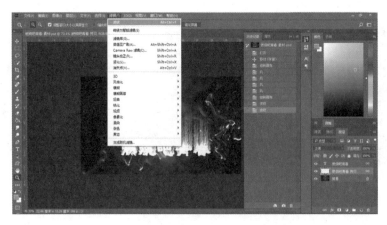

图 2-32　多次执行波纹滤镜的图像效果

（10）执行"图像"→"模式"→"灰度"命令，在弹出的对话框中单击"拼合"按钮，将会把所有图层拼合为一层，在打开的"信息"对话框中单击"扔掉"按钮，如图 2-33 所示，把图像由"RGB"颜色模式转换为"灰度"模式，效果如图 2-34 所示。

图 2-33　合并图层　　　　图 2-34　将图像颜色模式由"RGB"转换为"灰度"模式

（11）执行"图像"→"模式"→"索引颜色"命令，把图像由灰度颜色模式转换为索引颜色模式。再执行"图像"→"模式"→"颜色表"命令，在弹出的"颜色表"对话框中单击选择下拉菜单中的"黑体"选项，效果如图 2-35 所示。

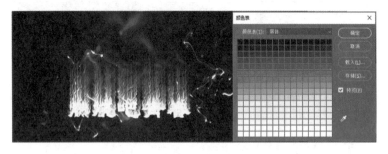

图 2-35　图像"索引"模式下对"颜色表"命令的设置

（12）单击选择工具箱中的"裁切工具"，图像四周出现裁切标识，将光标放置在水平或垂直的或对角线的位置，按下鼠标左键拖拉调整裁切范围，完成后单击裁切工具选项栏中的✓图标或按【Enter】键确定，如图 2-36 所示。

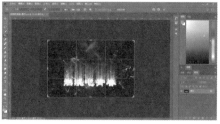

图 2-36　完成图像的裁切

（13）单击选择工具箱中的"缩放工具"，单击选项栏上的"适合屏幕"按钮，查看效果，如图 2-37 所示。

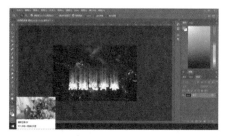

图 2-37　使用"缩放工具"查看图像效果

（14）执行"文件"→"存储"命令或按【Ctrl＋S】键，保存文件，保存类型为".psd"。

（15）执行"文件"→"存储为"命令或按【Shift＋Ctrl＋S】键，另存为"燃烧吧青春"，格式为".gif"，在".gif 选项"对话框中单击"确定"按钮，最终效果如图 2-38 所示。

图 2-38　最终效果

任务三　设计师养成记——Photoshop CC 2018

一、相关知识：图像设计所需的知识

1. 图层

图层是可以独立编辑和变换的一层像素，是 Photoshop 中最重要的功能之一，所以必须学会如何创建、修改、组织图层。

在 Photoshop 中处理完成的合成文件常常包含了多个图层，也就是说，最终看到的图像是由单个独立图层堆叠而成的，用户可以灵活地修改图像中的任意部分内容而不会影响其他部分，也可以用完全不同的方式重新安排图像中的各个元素。它降低了图像编辑失误的概率，简化了编辑过程，扩展了可选范围，使用户能够方便地合成图像。如图 2-39 所示，这幅图像由 5 个图层组成，最下方的不透明背景层与 4 个包含透明区域的普通图层自下而上相互叠加，得到如图 2-40 所示的最终效果。

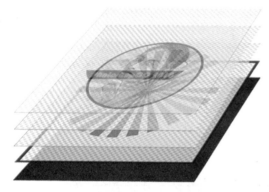

图 2-39　图层叠加效果　　　　图 2-40　图层叠加后的组合图像效果

新建图层的方法如下：

（1）单击"图层"面板最下方的"创建新图层" ⬚ 按钮，即可新建图层。

（2）执行"图层"→"新建"→"图层"命令或按【Shift＋Ctrl＋N】键，弹出"新建图层"对话框，在对话框中输入图层名称，单击"确定"按钮，即可创建新图层。

2. 选取绘图颜色

Photoshop 中提供了多种选取颜色的途径，如前景色和背景色的颜色控件、拾色器、"颜色"面板、"色板"面板等。

（1）前景色【Alt＋Delete】和背景色【Ctrl＋Delete】的颜色控件。前景色和背景色的颜色控件位于工具箱下方，如图 2-41 所示。单击相应的色块或图标可以设置前景色、背景色；单击图标 ⬚ 或按【X】键可以交换前景色和背景色的颜色；单击小图标 ⬛ 或按

【D】键可以恢复默认的前景色和背景色的颜色设置，即前景色为黑色，背景色为白色。

（2）拾色器。单击"前景色"或"背景色"的色块图标，即可打开"拾色器"对话框，如图 2-42 所示。通过调整色谱上的滑块设置颜色区域范围，再使用鼠标左键在颜色预览窗口中拖动即可选色；也可以直接在颜色模式输入框中设定数值，确认颜色。

图 2-41　前景色和背景色的颜色控件　　　　图 2-42　　"拾色器"对话框

（3）"颜色"面板【F6】。执行"窗口"→"颜色"命令，打开"颜色"面板，如图 2-43 所示。在面板中，单击左侧的前景色或背景色色标，然后拖动颜条下的三角滑块，或在颜色预览框中选择颜色。单击该面板右上角的 ▤ 图标，将弹出颜色面板菜单，如图 2-44 所示，从中可以选择不同的颜色显示模式。

（4）"色板"面板。执行"窗口"→"色板"命令，打开"色板"面板，单击任意色块可以快速选取为背景色，如图 2-45 所示。按住【Ctrl】键的同时单击需要的色块，可以快速选定前景色。

在对图像填充颜色时，需要使用"选取工具"，如"魔棒工具""套索工具""选框工具"等工具，选择要填充的区域，再进行颜色填充；或者在"图层"面板中，通过载入选区的方式进行填充，如在打开文档中选择要填充的图层，执行"选择"→"载入选区"命令，弹出"载入选区"对话框，如图 2-46 所示，单击"确定"按钮，即可载入该图层选区。

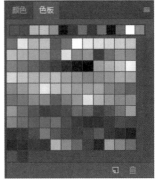

图 2-43　"颜色"面板　　　　图 2-44　颜色面板菜单　　图 2-45　　"色板"面板

按住【Ctrl】键单击所选图层的缩略图，即可载入该图层选区，如图 2-47 所示。

图 2-46　"载入选区"对话框　　　　图 2-47　使用【Ctrl】键载入图层缩略图

3. 图像的移动和变换

在 Photoshop 处理图像的过程中，经常使用"移动工具""自由变换""变换"等命令来改变图像的位置和形状。其中移动、旋转和缩放被称为变换操作，扭曲和斜切操作称为变形处理。

（1）移动对象。工具箱中的"移动工具" ✦ 可以轻松实现对图像图层、选区中的对象的移动，还可以将其他文档中的图像拖曳到当前文档，是 Photoshop 中最常用、最重要的工具之一。

1）在同一文档中移动图像：在"图层"面板中单击选中需要移动的对象所在图层，再使用"移动工具"在画布中拖曳鼠标左键即可移动选中对象。

使用"移动工具"在图像上单击鼠标右键即可快速选择相应图层。

移动选区对象，可将光标放置在选区内，拖曳鼠标左键即可移动。

2）在不同文档间移动图像：打开两个或两个以上的文档，使用"移动工具"将选定的图像（见图 2-48）拖曳到另一个文档的标题栏上，如图 2-49 所示，停留片刻后切换到目标文档，接着将图像移动到画布中，当画布框以高亮颜色显示时，释放鼠标左键即可将图像拖曳到文档中，如图 2-50 所示，同时 Photoshop 会生成一个新的图层，如图 2-51 所示。

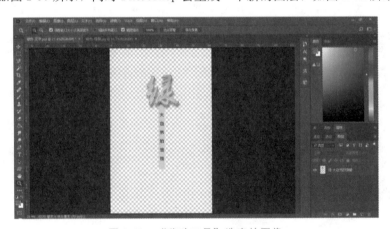

图 2-48　"移动工具"选定的图像

图 2-49 拖曳到另一个文档的标题栏上

图 2-50 画布框以高亮颜色显示

图 2-51 生成一个新的图层

　　按住【Shift】键将一个图像拖曳到另一个文档中时，那么将保持这个图像在源文档中的位置。

（2）变换对象。执行"编辑"→"变换"命令，即可打开"变换"子菜单，如图2-52所示，其中不同的交换命令可以对图层、路径、矢量图形以及选区中的图像进行缩放、旋转、斜切、翻转和自由变换等操作。

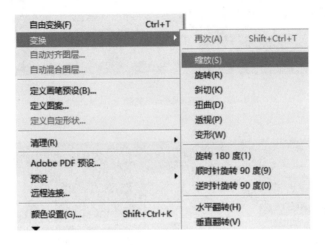

图 2-52　"变换"子菜单

（3）自由变换。执行"编辑"→"自由变换"命令或使用【Ctrl＋T】键，画布上选中的图像四周将出现8个控制点，如图2-53（a）所示，搭配【Ctrl】【Shift】【Alt】这3个键的使用，可以对所选图层或选区内的图像进行缩放、旋转、翻转等变换或变形等操作，如图2-53所示。

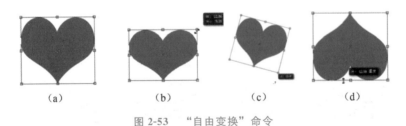

图 2-53　"自由变换"命令

（a）自由变换；（b）任意缩放；（c）自由旋转；（d）自由翻转

二、任务解析：设计师养成记

┃要点提示

（1）打开多个素材文档，并在不同文档间移动图像。

（2）通过"图像大小"命令，查看素材的尺寸，精确设置参考线。

（3）在新建图层上使用"矩形选框工具"绘制矩形图形，并通过透视的方法设置图形。

（4）通过载入选区的方式，对图形顺时针依次进行颜色的设置并进行前景色填充。

（5）调整图像位置及缩放比例。

任务步骤

（1）双击桌面上的"Photoshop CC 2018"快捷图标，启动 Photoshop CC 2018。

（2）执行"文件"→"打开"命令，弹出"打开"对话框，根据路径选择"设计师养成记 . psd"文档，在 Photoshop 中打开，如图 2-54 所示。

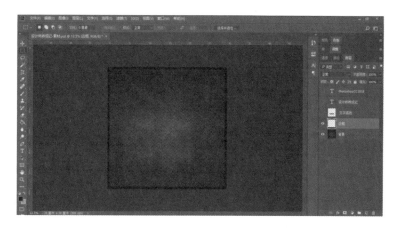

图 2-54　打开". psd"素材文档

（3）执行"图像"→"图像大小"命令，查看素材的尺寸，宽、高均为"30 厘米"，如图 2-55 所示。

图 2-55　"图像大小"对话框

（4）执行"视图"→"新建参考线"命令，即可打开"新建参考线"对话框，如图 2-56所示，设置"垂直"位置为"15 厘米"，单击"确定"按钮，设置垂直参考线。再次执行命令，设置水平参考线为 15 厘米，效果如图 2-57 所示。

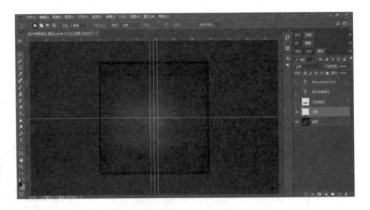

图 2-56　"新建参考线"对话框　　　　图 2-57　设置"参考线"效果

（5）选择"图层面板"上的"边框图层"，再单击面板底层的"创建新图层"按钮，新建"图层 1"，如图 2-58 所示。

（6）选择工具箱中的"矩形选框工具"，沿左侧参考线拖拉绘制矩形选框，使用鼠标左键单击前景色，弹出"拾色器"对话框，如图2-59所示。

（7）设置颜色为红色"R＝255，G＝0，B＝0"，按【Alt＋Delete】键，填充矩形选框为前景色，如图 2-60 所示。

图 2-58　新建"图层 1"　　　图 2-59　"拾色器"对话框　　　图 2-60　填充前景色

（8）按【Ctrl＋T】键显示定界框，按【Ctrl＋Shift＋Alt】键快速进入透视状态，鼠标左键向内拖曳矩形选框右下角的控制点，当 3 个控制点重合时，松开鼠标左键，单击【Enter】键完成透视效果，如图 2-61 所示。

（9）再次按【Ctrl＋T】键显示定界框，拖曳定界框的中心点的同时按下【Shift】键，可以实现将中心点垂直拖曳，直至与参考线的交叉中心点重合的位置即可。接着在选项栏中输入"角度"数值为"15°"，将其顺时针旋转 15°，单击【Enter】键完成以一点为中心的旋转效果，如图 2-62 所示。

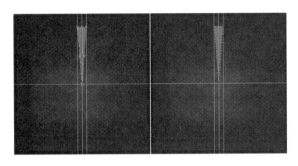

图 2-61 移动定界框的中心点

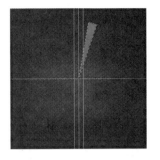

图 2-62 旋转选区

（10）按【Ctrl＋D】键取消选区后，再连续按 23 次【Ctrl＋Shift＋Alt＋T】键，按照步骤（9）的变换方式旋转复制图形，效果如图 2-63 所示。

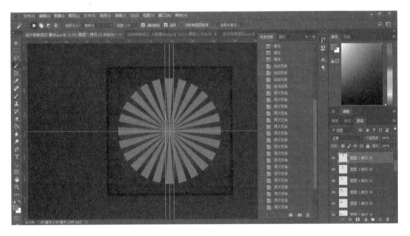

图 2-63 旋转复制图形

（11）在"图层"面板中选择"图层 1 拷贝"图层，再按住【Ctrl】键单击"图层 1 拷贝"图层的缩略图，即可载入该图层选区。

（12）单击工具箱中的"前景色"控件，打开"拾色器"对话框，设置颜色为橙色"R＝240，G＝135，B＝25"，如图 2-64 所示，再按【Alt＋Delete】键，进行前景色填充，如图 2-65 所示。

（13）参照步骤（11）（12）的方法，将放射图形以顺时针方向，按每两个图形为一组依次填充颜色为"红、橙、黄、绿、蓝、紫"，效果如图 2-66 所示。

图 2-64 "拾色器"对话框

图 2-65 前景色填充

图 2-66 依次填充颜色

（14）在完成一组颜色填充后，在载入相关图层选区后，可以通过工具箱中的"吸管工具" 进行相关颜色的吸色，再按【Alt＋Delete】键进行前景色填充，如图2-67所示，完成放射图形的填充。

（15）执行"文件"→"打开"命令，弹出"打开"对话框，根据路径选择"人物素材.png"，在Photoshop中打开素材，如图2-68所示。

图2-67　完成放射图形的填充　　　　　图2-68　打开"人物素材.png"

（16）按住【Shift】键的同时使用"移动工具"将"人物素材.png"拖曳到"设计师养成记＼素材.psd"文档中，自动生成新图层"图层2"，并保持其在源文档中的位置，如图2-69所示。

（17）在"图层"面板中选择新生成的"图层2"，拖动鼠标使其置于放射图形的图层上方，如图2-70所示。

图2-69　将素材移动至编辑文档中　　　　图2-70　调整图层顺序

（18）分别在"文字底色""设计师养成记""Photoshop CC 2018"图层前面的"指示图层可见性" 图标上单击，使3个图层可见，如图2-71所示。

图2-71　显示图层

（19）分别单击选中"设计师养成记"和"Photoshop CC 2018"图层并调整其位置，如图 2-72 所示。

图 2-72　调整图像位置　　　　　　　　图 2-73　缩放图像

（20）选择"Photoshop CC 2018"图层，按【Ctrl＋T】键显示定界框，并在四角任意控制点上，按【Shift】键拖曳鼠标，缩小文字的比例，如图 2-73 所示，单击【Enter】键，最终效果如图 2-74 所示。

图 2-74　最终效果

（21）执行"文件"→"存储为"命令，打开"另存为"对话框，保存文件名为"设计师养成记"，类型为".psd"，单击"保存"按钮。再次另存格式为".jpg"。

课后练习

☞ **填空题**

1. 根据不同的原理，计算机中所使用的图形图像分为＿＿＿＿＿＿和＿＿＿＿＿＿两种类型。

2. 常用的网络传输图片文件格式有＿＿＿＿＿、＿＿＿＿＿、＿＿＿＿＿。

3. RGB 模式转为 CMYK 模式时，最好先转换为＿＿＿＿＿模式。

4. 图像输出打印时须采用＿＿＿＿模式，当用于屏幕显示可设置为＿＿＿＿模式。

☞ **单选题**

1. CMYK 色彩模式中 C（　　　）M（　　　）Y（　　　）K（　　　）分别代表了哪些颜色？

　　A. 洋红　　　　　　　　B. 定位套版色（黑色）　C. 青色　　　　　　　　D. 黄色

2. 新建图层的方法不包括（　　　）。

　　A. 在"图层"面板上单击"创建新图层"按钮

　　B. 执行"图层"→"新建"→"图层"命令

　　C. 按【Alt＋Shift＋Ctrl＋N】键

　　D. 按【Ctrl＋N】键

3. 前景色和背景色的快捷键分别是（　　　）、（　　　）。

　　A. Ctrl＋Delete　　　　　　　　　　　　B. Ctrl＋Shift

　　C. Alt＋Delete　　　　　　　　　　　　D. Shift

☞ **简答题**

1. 简述位图和矢量图的特点。

2. 简述网络传输常用的 3 种图片文件格式，并阐述其优缺点。

☞ **操作题**

根据本章的学习，完成如图 2-75 所示图案的绘制。

（a）　　　　　　　　　　　　　　（b）

图 2-75　图案素材及完成效果

（a）图案素材；（b）完成效果

项目 三

选区的创建和编辑

学习目标

1. 掌握"矩形选框工具""椭圆选框工具""套索工具""多边形套索工具""磁性套索工具""魔棒工具""快速选择工具"等创建选区的工具。

2. 掌握菜单命令创建选区的方法。

3. 熟悉选区的编辑。

任务一　添加边框

一、相关知识：矩形选框工具的创建与应用

"矩形选框工具"用于创建矩形选择区域。"矩形选框工具"的选项栏如图 3-1 所示。

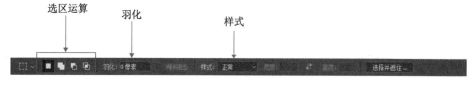

图 3-1　"矩形选框工具"选项栏

该选项栏中各选项的含义如下：

（1）选区运算按钮组。"新选区" ▣ 用来创建选区；"添加到选区" ▣ 与原选区相加形成一个新选区；"从选区减去" ▣ 与原选区相减形成一个新选区；"与选区交叉" ▣ 在与原选区相交叉的地方形成一个新选区。

（2）羽化。用来设置羽化值，值越高，选区越模糊。

（3）样式。用来设置选区的创建方法，共 3 种。

1）正常。拖动鼠标可以随意创建选区，此选项为默认选项。

2）固定比例。在"宽度"和"高度"文本框中输入数值，可以创建固定比例的选区，如图 3-2 所示。

3）固定大小。在"宽度"和"高度"文本框中输入数值，可以创建指定大小的选区，如图 3-3 所示。

样式： 固定比例 ▾ 宽度：1 ⇄ 高度：1	样式： 固定大小 ▾ 宽度：6厘米 ⇄ 高度：10厘米

图 3-2 设置"固定比例"选区　　　　　　　　图 3-3 设置"固定大小"选区

二、任务解析：创建选区并调整亮度

要点提示

（1）使用"矩形选框工具"创建选区。

（2）使用"亮度/对比度"来调整亮度。

任务步骤

（1）按【Ctrl＋O】键打开"添加边框＼素材"图片。

（2）按【Ctrl＋J】键复制图层得到"图层 1"。

（3）选择工具箱中的"矩形选框工具"，在"图层 1"上框选出如图 3-4 所示的选区。

（4）执行"编辑"→"描边"命令，在弹出的对话框中进行如图 3-5 的设置。

图 3-4 创建选区　　　　　　　　　　　图 3-5 "描边"对话框

（5）按【Ctrl＋Shift＋I】键对选区进行反选。

（6）执行"图像"→"调整"→"亮度/对比度"命令，参数设置如图 3-6 所示。

（7）按【Ctrl＋D】键取消选区，完成效果如图 3-7 所示。

图 3-6 设置"亮度/对比度"　　　　　　图 3-7 完成效果

(8) 按【Ctrl+Shift+S】键,输入文件名为"添加边框",保存类型为".psd"格式。

任务二　使用椭圆选框工具

一、相关知识：椭圆选框的创建与应用

椭圆选框工具：用于创建椭圆形选择区域。其选项栏如图 3-8 所示。

图 3-8 "椭圆选框工具"选项栏

消除锯齿：选择该选项,填充颜色后会使选区看上去光滑。消除锯齿前后的效果如图 3-9 所示。

（a）　　　　　　　　　（b）

图 3-9 消除锯齿前后的效果

（a）消除锯齿前；（b）消除锯齿后

二、任务解析：绘制心形路径

要点提示

(1) 使用"椭圆选框工具"创建选区并填充颜色。

(2) 使用"钢笔工具"绘制心形路径,并让所有的圆点围绕此心形路径分布。

任务步骤

（1）新建一个 1 000 像素×700 像素的文档，分辨率为 72 像素/英寸，颜色模式为 RGB 颜色，8 位，背景内容填充颜色值＃ff5a00。

（2）新建"图层 1"，选择工具箱中的"椭圆选框工具"，按【Shift】键画一个正圆选区，执行"选择"→"修改"→"羽化"命令，设置羽化半径为 45 像素，选择工具箱中的"渐变工具"，设置渐变颜色从"＃ffff00"值到"＃ff6d00"值，在"渐变工具"选项栏中选择径向渐变，在选区中从中心向外拉，并按【Ctrl＋D】键取消选区，效果如图 3-10 所示。

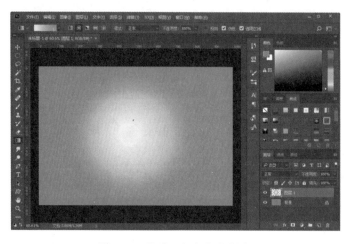

图 3-10　给选区添加径向渐变

（3）新建一个图层，选择"椭圆选框工具"绘制一个正圆选区，填充颜色值"＃fccb20"并取消选区，双击图层打开"图层样式"对话框，在"图层样式"对话框中选择"外发光"，参数设置如图 3-11 所示。

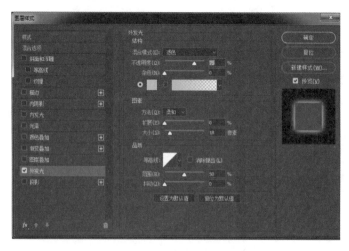

图 3-11　设置外发光参数

（4）在当前图层上新建一个图层，选择工具箱中的"椭圆选框工具"，按【Shift】键画一个大点的正圆选区，执行"选择"→"修改"→"羽化"命令，设置羽化半径为 3 像素，填充颜色值"♯fccb20"，并取消选区，再把图层不透明度设置为 20％，效果如图3-12所示。

图 3-12　填充选区并改变不透明度

（5）拷贝图层 2、图层 3 多次，并改变它们的大小和位置，形成效果如图 3-13 所示。

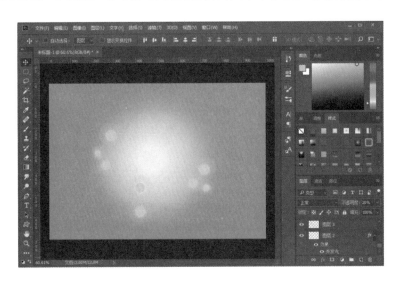

图 3-13　复制小圆并改变位置、大小

（6）重复步骤（3），这里把正圆选区的颜色值填充白色，外发光颜色也设置为白色，效果如图 3-14 所示。

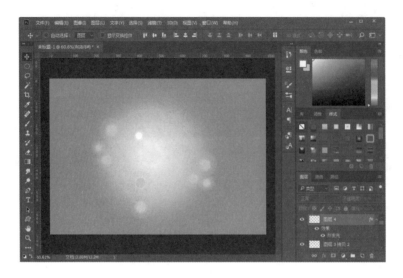

图 3-14 绘制正圆并填充白色

（7）重复步骤（4），这里的填充颜色值为白色，不透明度为 40％，效果如图 3-15
所示。

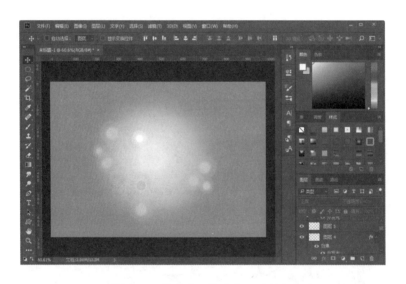

图 3-15 填充选区并改变不透明度

（8）拷贝图层 4、图层 5 多次，并改变它们的大小和位置，效果如图 3-16 所示。

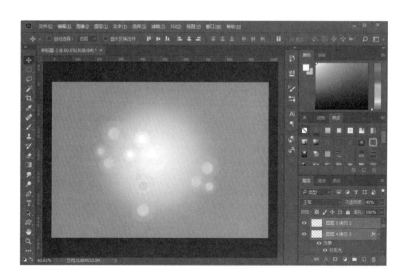

图 3-16　复制白色的圆并改变位置、大小

（9）重复步骤（3）（4），得到如图 3-17 所示的效果。

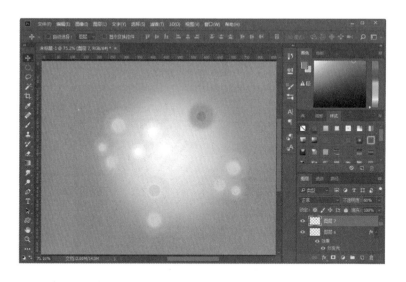

图 3-17　绘制红色小圆点

（10）选中一个图层，按住【Shift】键用"椭圆选框工具"绘制颜色值为"♯00a60c"的正圆，图层不透明度设置为 60％，效果如图 3-18 所示。

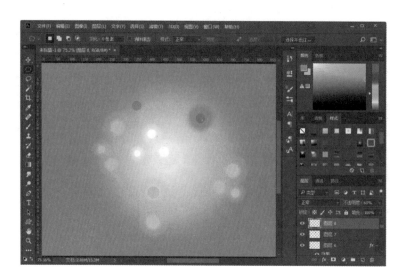

图 3-18　绘制绿色小圆点

（11）新建一个图层，选择"钢笔工具"，画出一个心形的路径，按【Ctrl＋Enter】键转为选区，执行"编辑"→"描边"命令，即可打开"描边"对话框，具体参数设置如图3-19所示，按【Ctrl＋D】键取消选区，图层不透明度设置为40％，选择"图层8"，按【Ctrl＋J】键复制多个绿色小圆点，效果如图 3-20 所示。

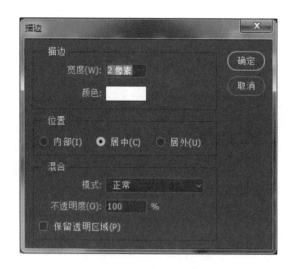

图 3-19　"描边"对话框

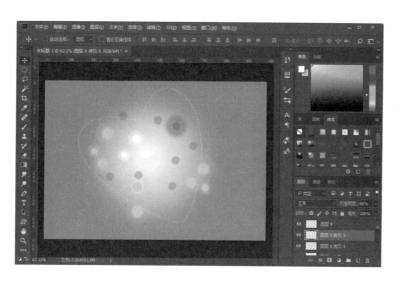

图 3-20　复制绿色小圆点

（12）新建一个图层，按【Shift】键用"椭圆选框工具"绘制颜色值为"＃b40101"的正圆，并设置图层不透明度为 50％，多次复制该图层，效果如图 3-21 所示。

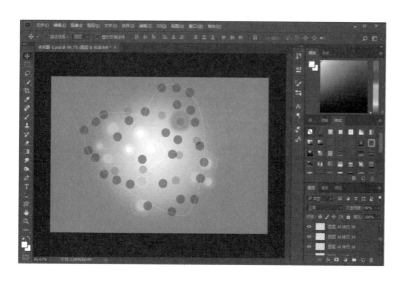

图 3-21　复制红色小圆点

（13）新建一个图层，按住【Shift】键用"椭圆选框工具"绘制颜色值为"＃ff0606"的正圆，并设置图层不透明度为 60％，多次复制该图层，效果如图 3-22 所示。

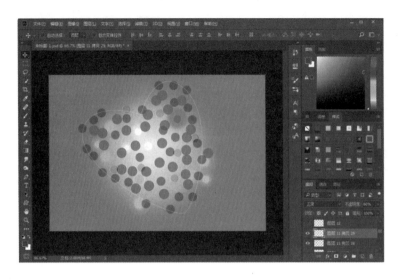

图 3-22　复制红色小圆点

（14）用同样的方法制作其他颜色的小圆点，并改变图层的不透明度，移到合适的位置，效果如图 3-23 所示。

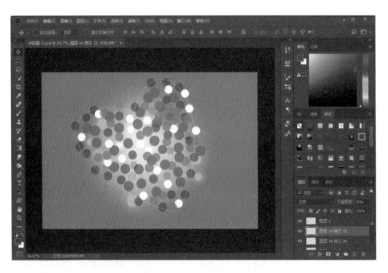

图 3-23　制作其他颜色的小圆点

（15）隐藏"图层 9"上的内容，使心形边框消失，效果如图 3-24 所示。

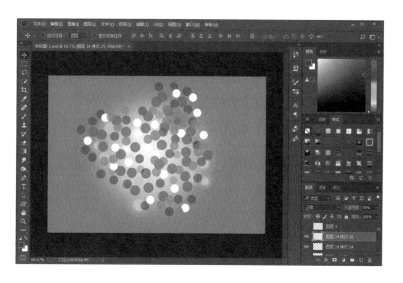

图 3-24 隐藏心形边框

（16）按【Ctrl＋Shift＋S】键，输入文件名为"制作心形圆点"，保存类型为".psd"格式。

任务三 使用套索工具

一、相关知识：套索工具

1. 套索工具

"套索工具"创建的选区自由度较高，点击鼠标左键开始绘制，松开鼠标左键终止绘制。

2. 多边形套索工具

"多边形套索工具"用于创建多边形选区。在不同位置单击鼠标左键即可以创建一条边，最后鼠标移到起点处单击即可闭合。

3. 磁性套索工具

"磁性套索工具"可以自动识别形状不规则的图像边界。鼠标在图片的边缘处单击，沿着图片的边缘移动鼠标，最后到起点处单击即可形成一个选区。

二、任务解析：鸭鸭漂流记

要点提示

（1）使用"磁性套索工具"创建选区。

（2）使用"滤镜"→"扭曲"和"滤镜"→"渲染"命令来创建水波和光照效果。

（3）使用"矢量蒙版"和"渐变工具"做出柔和的天空。

任务步骤

（1）新建一个 650 像素×450 像素的文档，分辨率为 72 像素/英寸，颜色模式为 RGB 颜色，8 位，背景内容为白色。

（2）按【Ctrl＋O】键打开"鸭鸭漂流记＼素材 3"图片。

（3）选择"移动工具"，把"素材 3"图片拉入新建文档中，并按【Ctrl＋T】键对图片进行编辑，把图片放到文档中合适的位置。

（4）按【Ctrl＋O】键打开"鸭鸭漂流记＼素材 2"图片，用"磁性套索工具"框选鸭鸭，并执行"选择"→"修改"→"收缩"命令，收缩量为 3 像素，再执行"选择"→"修改"→"羽化"命令，羽化半径为 3 像素，如图 3-25 所示。

（5）选择"移动工具"，把框选的鸭鸭选区拉入新建文档中，并生成"图层 2"，按【Ctrl＋T】键对鸭鸭进行编辑，使其放到文档中合适的位置，如图 3-26 所示。

图 3-25　给鸭鸭创建选区

图 3-26　对鸭鸭进行编辑

（6）隐藏"图层 2"，在"图层 1"上创建如图 3-27 所示的选区。

图 3-27　创建选区

（7）执行"滤镜"→"扭曲"→"水波"命令，在弹出的对话框中设置数量为14，起伏为6，样式为水池波纹。

（8）按【Ctrl+D】键取消选区，取消"图层2"的隐藏，按【Ctrl+J】键复制"图层2"两次，再把拷贝出来的鸭鸭改变大小并移到合适的位置，效果如图3-28所示。

图 3-28　复制鸭鸭并改变大小

（9）按【Ctrl+O】键打开"鸭鸭漂流记\素材1"图片，用"磁性套索工具"框选天空部分，并使用"移动工具"将其拉入新建文档中，生成"图层3"，效果如图3-29所示。

图 3-29　把天空部分拉入新建文档

（10）在"图层"面板下方选择"添加矢量蒙版"按钮，为"图层3"添加矢量蒙版，选择"渐变工具"，在"渐变编辑器"中选择"黑，白渐变"，在天空中从下往上拉一个线性渐变，如果发现天空和瀑布融合不够柔和的话，再选择"橡皮擦工具"，把前景色设置为白色，在"画笔预设选取器"里选择"柔边圆"，在融合不好的地方简单地擦除一下，最后效果如图3-30所示。

图 3-30　修饰天空

（11）选中"图层 1"，执行"滤镜"→"渲染"→"镜头光晕"命令，在弹出的对话框中设置亮度为 100%，镜头类型选择"50～300 毫米变焦"，确定后完成的效果如图 3-31 所示。

图 3-31　完成效果

（12）按【Ctrl＋Shift＋S】键，输入文件名为"鸭鸭漂流记"，保存类型为".psd"格式。

任务四　使用选择工具

一、相关知识：选择工具

1."快速选择工具"

可以通过"快速选择工具"单击或拖动创建选区，拖动时，选区会向外扩展生成边缘。

2. "魔棒工具"

用"魔棒工具"在图像中单击鼠标左键，会根据容差值来创建选区。其选项栏如图3-32所示。

图 3-32 "魔棒工具"选项栏

该选项栏常用选项的含义如下：

（1）容差。根据此值可以确定颜色的选取范围，如果在图像的同一位置单击，设置不同的容差值，选取的范围也不同。

（2）连续。选中该选项，将只能选中与相邻颜色相同或相近的像素，反之则选择整幅图像中颜色在容差范围内的像素。

3. 吸管工具

选择一种吸管，在选区预览图中单击取样点，则在颜色容差范围内的图像被选取。可以通过指定颜色来创建选区，通过设定颜色容差，用"吸管工具"来吸取颜色得到选区。此命令特别适合于抠透明主体。执行"选择"→"色彩范围"命令，弹出"色彩范围"对话框，如图3-33所示。

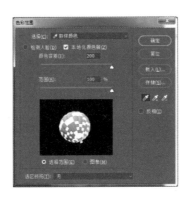

图 3-33 "色彩范围"对话框

"吸管工具"有以下三种：

（1）普通吸管 。吸取一种颜色。

（2）添加到取样 。用此吸管创建的选区，每次都与之前的选区叠加。

（3）从取样中减去 。用此吸管创建的选区，可以去掉某种颜色。

二、任务解析：降落的热气球

要点提示

（1）使用"色彩范围"抠图。

（2）使用"快速选择工具"抠图。

任务步骤

（1）按【Ctrl+O】键打开"降落的热气球\素材1"图片。

（2）按【Ctrl+O】键打开"降落的热气球\素材2"图片。

（3）执行菜单"选择"→"色彩范围"命令，在"色彩范围"对话框中设置选择为
"取样颜色"，选择"本地化颜色簇"，设置"颜色容差"为200，如图3-34所示。

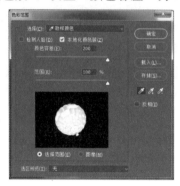

图3-34　"色彩范围"对话框

（4）单击"确定"按钮，如果选取的选区不合适，可以再用"快速选择工具"加以
修改。

（5）选择"移动工具"，把这个热气球移到素材1中，按【Ctrl+T】键改变其大小，
并移到合适位置，如图3-35所示。

图3-35　编辑热气球的大小并改变位置

（6）按【Ctrl+O】键打开"降落的热气球\素材3"图片。

（7）执行菜单"选择"→"色彩范围"命令，在"色彩范围"对话框中设置选择为
"取样颜色"，选择"本地化颜色簇"，设置"颜色容差"为200，"范围"为100%，通过
"吸管工具""添加到取样""从取样中减去"三个吸管工具进行设置，单击"确定"按钮，
如果选取的选区不合适，可以再用"快速选择工具"加以修改。

（8）选择"移动工具"，把这个热气球移到"素材 1"中，按【Ctrl＋T】键改变其大小，并移到合适位置，如图 3-36 所示。

图 3-36　编辑热气球的大小并改变位置

（9）按【Ctrl＋Shift＋S】键，输入文件名为"降落的热气球"，保存类型为".psd"格式。

课后练习

☞ **填空题**

1. 设置的羽化值越高，选区越_____。

2. "磁性套索工具"可以自动识别形状不规则的_____。鼠标在图片的边缘处单击，沿着_____移动鼠标，最后到起点处_____即可形成一个选区。

3. 选择一种吸管，在选区预览图中单击取样点，则在_____范围内的图像被选取。可以通过指定颜色来创建选区，通过设定颜色容差，用_____来吸取颜色得到选区。

☞ **单选题**

1. 当文档中有选区时，按【Alt】键可以（　　）文档中的选区。

　　A. 增加　　　　　　B. 减少　　　　　　C. 重建　　　　　　D. 交叉

2. 羽化选区的快捷键是（　　）。

　　A. Shift＋F6　　　　　　　　　　B. Ctrl＋Shift＋I

　　C. Ctrl＋Alt＋I　　　　　　　　　D. Ctrl＋Alt＋R

3. 当文档中有选区时，按【Shift】键可以（　　）文档中的选区。

　　A. 增加　　　　　　B. 减少　　　　　　C. 重建　　　　　　D. 交叉

4. 以下不能创建选区的是（　　）。

   A. 利用"快速选择工具"　　　　　　B. 利用"椭圆选框工具"

   C. 执行"编辑"→"填充"命令　　　　D. 执行"选择"→"色彩范围"命令

5. 执行"选择"→"变换选区"命令，不可以对选区进行（　　）编辑。

   A. 斜切　　　　　　B. 扭曲　　　　　　C. 透视　　　　　　D. 羽化

☞ **简答题**

1. Photoshop 中常用的创建选区的方法有哪些？说明"选择"→"色彩范围"命令和"选择"→"选择并遮住"命令如何使用？选区羽化的操作方法有哪些？

2. "魔棒工具"如何确定该选择图像的哪些区域？什么是容差？它对选择有何影响？

☞ **操作题**

为曲奇饼干添加倒影，素材如图 3-37 所示；完成效果图 3-38 所示。

图 3-37　素材　　　　　　　　　　　　　　　　图 3-38　完成效果

项目 四

图像的绘制与填充

学习目标

1. 掌握"画笔工具"的应用。
2. 掌握"画笔参数"的设置。
3. 熟悉"填充工具"的使用。
4. 熟悉"擦除工具"的使用。

任务一　了解画笔工具

一、相关知识："画笔工具"的使用和调整

"画笔工具"包括"画笔工具""铅笔工具""颜色替换工具""混合器画笔工具",如图4-1所示。

1. "画笔工具"

使用该工具可以绘制平滑且柔软的笔触效果,在使用"画笔工具"前可以通过"画笔工具"选项栏或"画笔"面板设置"笔刷形状""笔刷大小""笔刷硬度""绘画模式""不透明度""流量"等,如图4-2所示。

图4-1　"画笔工具"

图4-2　"画笔工具"选项栏

（1）设置笔刷。单击画笔下拉按钮，在弹出的画笔下拉面板中可以选择一种合适的笔刷，如图 4-3 所示。拖动主直径滑块，可以调整画笔笔刷大小，如图 4-4 所示。拖动硬度滑块，可以调整笔刷的硬度，笔刷的软硬程度在效果上表现为边缘的羽化程度，如图 4-5 所示。

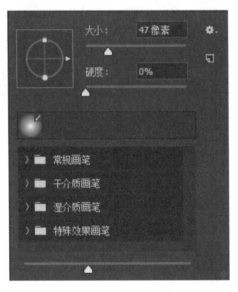

图 4-3　画笔下拉面板

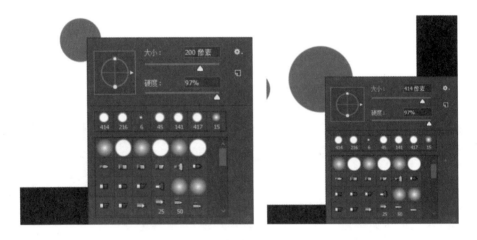

图 4-4　调节画笔笔刷大小

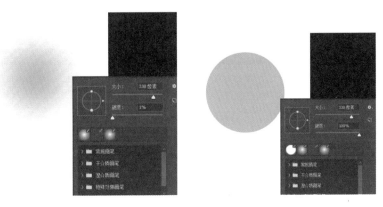

图 4-5　调节画笔边缘的羽化程度

（2）设置模式。模式是指绘画时的颜色与当前图像颜色的混合模式时所绘制的颜色不透明度。该值越小，绘制出来的颜色越浅，反之则颜色越深。正片叠底和线性减淡两种模式的效果分别如图 4-6 和图 4-7 所示。

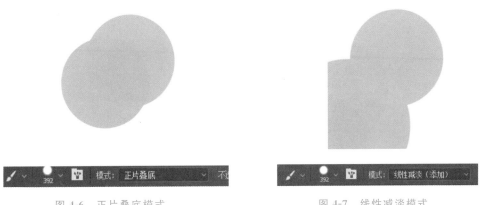

图 4-6　正片叠底模式　　　　　　　　　　　图 4-7　线性减淡模式

（3）设置不透明度。是指使用画笔绘图调整其透明效果，如图 4-8 所示。

图 4-8　不透明度调整

（4）设置流量。流量是指使用画笔时画笔绘图所绘制的颜色的深浅。

（5）画笔的预设。选择预设画笔。

（6）绘图板压感控制 。使用压感笔压力可以覆盖"画笔"面板中的不透明度和大小的设置。

2．"铅笔工具"

"铅笔工具"的使用方法和画笔相同。两者的不同之处在于"铅笔工具"不能使用

"画笔"面板中软笔刷，只能使用硬轮廓笔刷。首先需要设置好其参数，如图 4-9 所示。

图 4-9　"铅笔工具"选项栏

（1）画笔。用于选择画笔模式。

（2）模式。用于选择混合模式。

（3）不透明度。选择设定不透明度。

（4）自动抹除。自动判断绘画时的起始点颜色，如图 4-10 所示。如果起始点颜色为背景色，铅笔工具将以前景色绘制；反之，如果起始点颜色为前景色，铅笔工具会以背景色绘制。

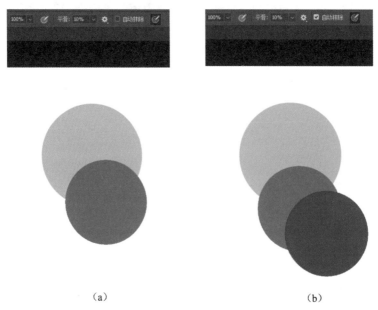

（a）　　　　　　　　　　　　　（b）

图 4-10　涂抹效果

（a）没有勾上抹除效果；（b）应用抹除效果

3. "颜色替换工具"

使用"颜色替换工具"，能够轻而易举地用前景色置换图像中的色彩，并能够保留图像原有材质的纹理与明暗。"颜色替换工具"能够简化图像中特定颜色的替换，可以用校正颜色在目标颜色上绘画。"颜色替换工具"选项栏如图 4-11 所示。应用"颜色替换工具"的效果如图 4-12 所示。

图 4-11　"颜色替换工具"选项栏

图 4-12　应用颜色替换工具的效果

（1）"颜色替换工具"的原理是用前景色替换图像中指定的像素，因此使用时需选择好前景色。

（2）选择好前景色后，在图像中需要更改颜色的地方涂抹，即可将其替换为前景色，不同的绘图模式会产生不同的替换效果，常用的模式为"颜色"。

（3）在图像中涂抹时，起笔（第一个点击的）像素颜色将作为基准色，选项中的"取样""限制""容差"都是以其为准的。

（4）取样选项。"连续"方式将在涂抹过程中不断以鼠标所在位置的像素颜色作为基准色，决定被替换的范围。"一次"方式将始终以涂抹开始时的基准像素为准。"背景色板"方式将只替换与背景色相同的像素。以上 3 种方式都要参考容差的数值。

（5）限制选项。"不连续"方式将替换鼠标所到之处的颜色。"连续"方式不仅替换鼠标所在处的颜色，而且对鼠标周围的颜色与鼠标所在处相近的区域进行颜色替换。"查找边缘"方式将重点替换色彩区域之间的边缘部分。

（6）容差选项。"容差范围"就是色彩的包容度。

二、任务解析：给小黄鸭图案换颜色

▌要点提示

（1）颜色在工具箱中设置为前景色。

（2）从工具箱中选择"颜色替换工具"，在选区内完成颜色替换。

（3）完成后按【Ctrl＋D】键取消选区，保存文件。

▌任务步骤

（1）启动 Photoshop CC 2018，新建文档，在"创建新文档"对话框中输入名称"小黄鸭"，执行"文件"→"打开"命令，或者按【Ctrl＋O】键把素材打开，如图 4-13 所示。

（2）使用工具框中的"快速选择工具"选中需要修改的部分，制作选区设置前景色为"R=240，G=229，B=6"的明黄色，如图 4-14 所示。

图 4-13　案例素材　　　　　　　　　图 4-14　设置前景色

（3）使用"颜色替换工具"，在需要修改颜色的部分进行单击。颜色可以调整为前景色。完成了颜色替换，如图 4-15 所示。完成后按【Ctrl+D】键取消选区，保存文件。

图 4-15　颜色替换后的效果

任务二　设置画笔工具

一、相关知识：画笔的参数设置

1. 画笔工具

使用"画笔工具"可以模拟现实中的画笔，在图像或选区中进行绘画。在"画笔"选项栏右边的下拉按钮处，即可打开画笔快捷菜单，如图 4-16 所示。选择相应的选项，可完成相应的设置。在画笔预设选取器中可以设置画笔的形状和大小，如图 4-17 所示。

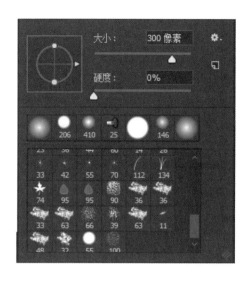

图 4-16　画笔快捷菜单　　　　　　　　　图 4-17　画笔预设选取器

2."画笔"面板

与"画笔工具"选项栏相比,"画笔"面板才是其总的控制中心。要设置更加复杂的笔刷样式,只有在"画笔"面板中才能完成,按【F5】键显示"画笔"面板,如图 4-18 所示。

图 4-18　"画笔"面板

二、任务解析:草地的绘制

要点提示

(1) 使用"画笔工具"调整画笔参数画出不同形态的对象。

(2) 使用 Photoshop 里面的笔刷预置,随时调用。

任务步骤

（1）新建一个长 15 cm×宽 15 cm 大小的文件，分辨率设置为 72 像素/英寸。

（2）制作背景天空，设置前景色为天蓝色，填充前景色"R＝169，G＝238，B＝255"。

（3）使用"画笔工具"绘制白云的形状，打开"画笔"面板，在打开的对话框中选择柔角 100 像素的笔刷。在图像中绘制出云朵的部分。

（4）绘制树干。设置前景色为棕色，选择"画笔工具"，显示出"画笔"面板，设置画笔参数。在对象中绘制出树干的部分"R＝120，G＝108，B＝111"，如图 4-19 所示。

图 4-19　绘制树干以及背景颜色

（5）按【F5】键打开"画笔"面板，调整画笔参数值，绘制枫叶，调整方向、间距、大小、散布。

（6）设置树叶的笔刷参数，在"画笔"面板中设置画笔大小、画笔形状、画笔形状动态和画笔散布，如图 4-20 所示。

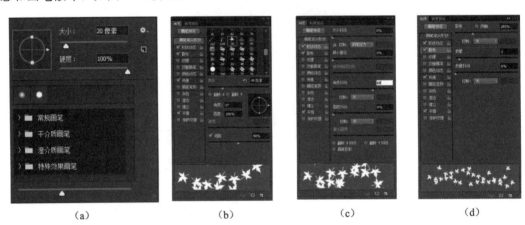

（a）　　　　　　　（b）　　　　　　　（c）　　　　　　　（d）

图 4-20　树叶的笔刷参数设置和调整方法

（a）设置画笔大小；（b）设置画笔形状；（c）设置画笔形状动态；（d）设置画笔散布

（7）绘制草地，在图像中拖拉鼠标左键，均匀地绘制出草地，选择枫叶的"画笔"面板，选择前景色。背景色选择"画笔工具"，枫叶笔刷设置四个选项。

（8）绘制枫叶，在图像中拖拉鼠标左键均匀地绘制出枫叶并保存文件，最终效果如图4-21所示。

图 4-21　最终效果图

任务三　使用填充工具

一、相关知识：填充工具

1. "渐变工具"

在 Photoshop 中，渐变就是颜色的过渡，可以是多种颜色之间混合过渡，也可以是同一种颜色之间不透明度之间的过渡。"渐变工具"选项栏如图 4-22 所示。

图 4-22　"渐变工具"选项栏

（1）渐变类型。线性渐变、径向渐变、角度渐变、对称渐变、菱形渐变、自定义渐变。

如果自定义渐变形式和色彩，可以单击"点按可编辑渐变"按钮，在弹出的"渐变编辑器"对话框中进行设置，如图 4-23 所示。

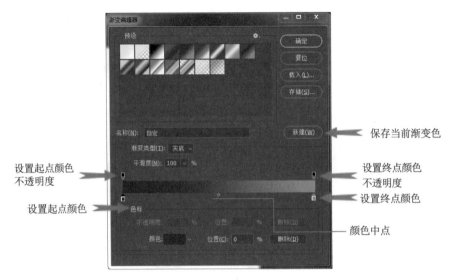

图 4-23 "渐变编辑器"对话框

（2）不透明度。可降低渐变颜色的不透明度值，如图 4-24 所示。

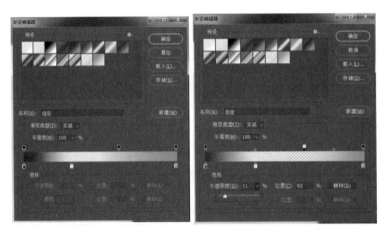

图 4-24 不透明度的调整

（3）反向。所得到的渐变效果方向与所设置的方向相反。

（4）透明区域。如果编辑渐变时对颜色设置了不透明度，可启用透明效果。

2. "油漆桶工具"

"油漆桶工具"用于在图像或选区中填充前景或图案。它与填充命令的功能非常相似，但"油漆桶工具"在填充前会对鼠标单击位置的颜色进行取样，只填充颜色相同或相似的区域。"油漆桶工具"选项栏如图 4-25 所示。

图 4-25 "油漆桶工具"选项栏

（1）填充。用于设置所要填充的内容，包括前景和图案两个选项，如图 4-26 所示。

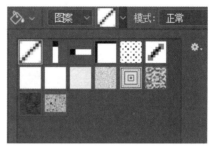

图 4-26　油漆桶填充图案

（2）模式。用于设置"油漆桶工具"在填充颜色时的混合模式。

（3）不透明度。用于设置颜色的不透明度。

（4）容差。填充时颜色的误差范围，取值范围为 0～255。

（5）所有图层。选中该复选框，"油漆桶工具"会在所有可见图层中取样，在任意图层中进行填充；反之，只能在当前图层中填充。

3．"3D 材质拖放工具"

"3D 材质拖放工具"可以对 3D 文字和 3D 模型填充纹理效果，如图 4-27 所示。

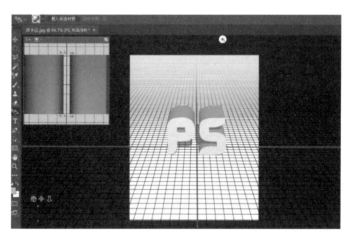

图 4-27　3D 文字效果

4．"吸管工具"

选择"吸管工具"，用鼠标在图像中需要的位置单击，当前的前景色将变为吸管吸取的颜色，在信息面板中观察吸取颜色的色彩信息。"吸管工具"选项栏如图 4-28 所示。"吸管"面板信息如图 4-29 所示。

图 4-28　"吸管工具"选项栏

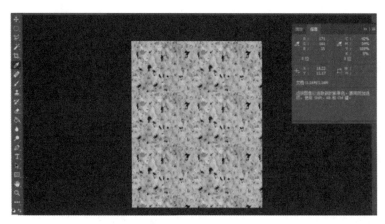

图 4-29　"吸管"面板

5. "3D 吸管工具"

"3D 吸管工具"可以吸取 3D 材质纹理以及查看和编辑 3D 材质纹理。"3D 吸管工具"选项栏如图 4-30 所示。查看和编辑 3D 材质纹理如图 4-31 所示。

图 4-30　"3D 吸管工具"选项栏

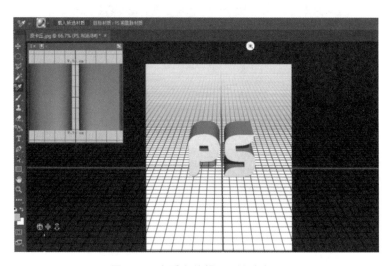

图 4-31　查看和编辑 3D 材质纹理

二、任务解析：光盘的制作

要点提示

（1）使用"圆形选框工具"创建圆形选区。

（2）使用"变换选区"命令变换选区大小。

任务步骤

（1）新建文件设置大小为 15 cm×15 cm，分辨率为 72 像素/英寸。

（2）点击界面工具使用"圆形选框工具"，创建圆形选区。点击"渐变工具"，在选项栏中点击"点按可编辑渐变"按钮打开"渐变编辑器"对话框。在背景中选择色谱渐变色，并选择角度渐变方式。由中心点向下拖曳鼠标形成渐变，如图 4-32 所示。

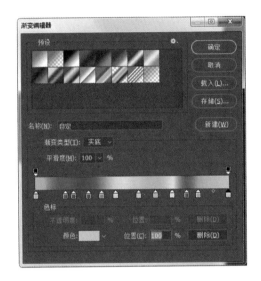

图 4-32　渐变颜色填充

（3）执行"选择"→"修改"→"扩展"命令，将选区扩展 3 个边界，如图 4-33 所示。选择给选区填充纯色"R＝198，G＝198，B＝198"。

（4）载入上一层的选区，执行"编辑"→"描边"命令，并将宽度设置为 3 个像素，颜色设置为黑色。

（5）执行"选择"→"变换选区"命令，变换选区大小，删除上一层圆形的中心，形成一个挖空效果，如图 4-34 所示。

（6）再次执行"变换选区"命令，把圆形形状往里面收，按【Delete】键删除中心，得到一个完整的光盘效果，如图 4-35 所示。

图 4-33　扩展选区　　　　　图 4-34　描边及变换选区　　　　　图 4-35　最终效果

任务四　使用橡皮擦工具

一、相关知识：橡皮擦工具、背景橡皮擦工具、魔术橡皮擦工具

1. "橡皮擦工具"

选取"橡皮擦工具"在图像中拖动鼠标进行涂抹，即可擦除图像中的颜色。当工作图层为背景图层时，擦除过的区域显示为背景色；当工作图层为普通图层时，擦除过的区域显示透明。

2. "背景橡皮擦工具"

"背景橡皮擦工具"是一种智能橡皮擦，它具有自动识别对象边缘的功能，可采集画笔中心的色样，并删除在画笔内出现的这种颜色，使擦除区域透明。

3. "魔术橡皮擦工具"

使用"魔术橡皮擦工具"可以一次性擦除图像或选区中颜色相同或相近的区域，从而得到透明区域，如图 4-36 所示。如果当前图层是背景图层，那么背景图层将被转换为普通图层。

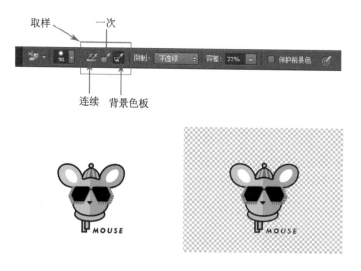

图 4-36　使用魔术橡皮擦工具

二、任务解析：绘制邮票

要点提示

（1）设置"画笔"面板调整图形间距，调整笔刷。

（2）反向选择和画笔的擦除效果。

任务步骤

（1）新建文件设置高宽为 15 cm×15 cm，设置前景色为黑色。使用"油漆桶工具"填充颜色到背景层之中，复制图像。

（2）打开素材，用"移动工具"把整张素材拖拉复制到新建文件中，通过自由变换把图像缩小，并放置在合适的位置新建一个图层。调整图层到图层下方，选择"矩形选框工具"在图像中拖拉出一个比图像大的矩形选区，如图 4-37 所示。

图 4-37　绘制矩形选区

（3）使用设置前景色为白色，并填充到新建图层。

（4）使用"橡皮擦工具"，调整橡皮擦工具的面板。

（5）设置"画笔"面板。在工具箱中选择"橡皮擦工具"，打开"画笔"面板设置橡皮擦的画笔参数，如图 4-38 所示。调整间距、大小，点击方形矩形边缘，使用"橡皮擦工具"点击一下，按住【Shift】键向右拖拉鼠标进行擦除，再用相同的方式擦除其他三个边缘，如图 4-39 所示。

图 4-38 设置橡皮擦的画笔参数　　　　　　　　图 4-39 调整笔刷间距绘制

（6）拉入图片素材，按【Ctrl＋T】键做一个收缩，调整好大小。使用"矩形选框工具" ，框选住图案之后调整右键选择"反向"，将不需要的部分删除，如图 4-40 所示。

（7）使用文本工具分别再加上"中国邮政"和"30 分"的字样，其最终效果如图4-41 所示。

图 4-40　使用反向命令删除不需要的部分　　　　图 4-41　完成效果图

课后练习

☞ **填空题**

1. _____是指使用画笔时画笔绘图所绘制的颜色的深浅。

2. 使用_____工具，能够轻而易举地用前景色置换图像中的色彩。

3. 渐变类型包括_____、径向渐变、角度渐变、_____、菱形渐变、自定义渐变。

☞ **单选题**

1. 放大画笔直径使用哪个快捷键？（　　　）

    A. Shift＋   B. Shift－

    C. Ctrl＋   D. 】

2. 使用"矩形工具"和"椭圆形工具"时按（　　　）键可以绘制正方形和正圆；按（　　　）键可以绘制以鼠标左键单击处为中心点的正方形或正圆。

    A. Alt

    B. Ctrl

    C. Shift

    D. Ctrl＋Shift

3. 以下哪些不是 Photoshop 提供的渐变类型？（　　　）

    A. 线性渐变

    B. 模糊渐变

    C. 角度渐变

    D. 菱形渐变

4. 以下哪个工具可以快速擦除背景？（　　　）

    A. 魔术橡皮擦工具   B. 画笔工具

    C. 渐变工具   D. 选择工具

5. 以下哪种渐变类型绘制的图像是偏向圆形渐变？（　　　）

    A. 线性渐变   B. 射线渐变

    C. 菱形渐变   D. 角度渐变

☞ **简答题**

1. 渐变的类型有哪些？

2. 彩虹用什么工具制作比较好？

☞ **操作题**

1. 把帽子颜色换成橙色，如图 4-42 所示。

图 4-42　把帽子颜色换成橙色

2. 使用"椭圆选框工具""套索工具""渐变工具"绘制几何体，如图 4-43 所示。

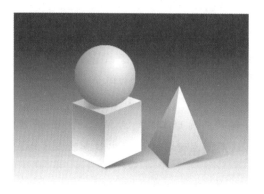

图 4-43　绘制几何体

项目 五

图像的修复与修饰

1. "修复图像工具"的使用。
2. 掌握美化图像工具的使用。

任务一　认识修复图像工具

一、相关知识：修复图像工具

1. 污点修复画笔工具

"污点修复画笔工具"在瑕疵上单击或拖动鼠标，可以快速去除图像上的污点、划痕和其他不理想的部分。"污点修复画笔工具"选项栏如图 5-1 所示。

图 5-1　"污点修复画笔工具"选项栏

其中各项含义如下：

（1）近似匹配。使用选区周围的像素来查找要用作选定区域修补的图像。

（2）创建纹理。可以使用选区中的所有像素创建一个用于修复区域的纹理。

（3）内容识别。当对图像的某一区域进行覆盖填充时，软件自动分析周围图像的特点，将图像进行拼接组合后填充在该区域。

2. "仿制源"面板

无论是"仿制图章工具"还是"修复画笔工具"，都可以通过"仿制源"面板来设置。执行"窗口"→"仿制源"命令，即可打开"仿制源"面板，如图 5-2 所示。

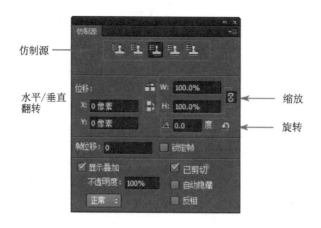

图 5-2　"仿制源"面板

3. 仿制图章工具

"仿制图章工具"可以将图像中的像素复制到其他图像或同一图像的其他部分，可在同一图像的不同图层间进行复制，对于复制图像或覆盖图像中的缺陷十分重要。"仿制图章工具"选项栏如图 5-3 所示。

图 5-3　"仿制图章工具"选项栏

4. 修复画笔工具

"修复画笔工具"和"仿制图章工具"一样，可以利用图像或图案中的样本像素来进行图像修复。所不同的是，"修复画笔工具"是将取样点的像素融入到目标图像，并且不会改变原图像的形状、光照、纹理等属性。"修复画笔工具"选项栏如图 5-4 所示。

图 5-4　"修复画笔工具"选项栏

该选项栏常见选项含义如下：

（1）源。可用于修复图像像素的源。

（2）取样。可以从图像的像素上取样。

（3）图案。可以在其下拉列表中选择一个图案作为取样。

5. 修补工具

"修补工具"也是使用图像采样或图案来修复图像，同时又保留原图像的色彩、色调和纹理，如图 5-5 所示。在使用"修补工具"时，首先要用该工具拖拉框选出需要修补的图像选区，再把选区拖拉到想要复制的图像区域。

图 5-5　修补工具

二、任务解析：面部清理和仿制蝴蝶

要点提示

（1）利用"污点修复画笔"去除污点。

（2）利用"仿制图章工具"复制图像。

（3）利用"修补工具"去除多余图像。

任务步骤

1. 面部清理

（1）打开原图，选择"污点修复画笔"工具，设置参数如图 5-6 所示。

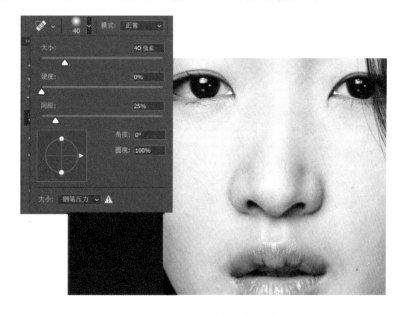

图 5-6　打开原图并设置参数

（2）点击需要处理的面部问题，可多次点击直到污点消失，如图 5-7 所示。

图 5-7　清除污点

（3）根据需要处理的污点的大小进行画笔大小的调整，方便处理操作，如图 5-8 所示。

（4）最终效果如图 5-9 所示。

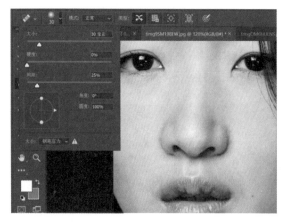

图 5-8　污点修复　　　　　　　　　　　　　图 5-9　最终效果

2．仿制蝴蝶

（1）打开蝴蝶素材，并创建新图层，如图 5-10 所示。

图 5-10　打开蝴蝶素材，并创建新图层

（2）设置"仿制图章工具"参数，将柔角画笔大小设置为70，仿制样本模式为"所有图层"，如图5-11所示。

图 5-11　设置"仿制图章工具"参数

（3）将光标放到蝴蝶上面，按住【Alt】键，单击一下鼠标进行定点选样，这样复制的图像被保存到剪贴板中。把鼠标移到要复制图像的位置，选择一个点，然后按住鼠标拖动即可逐渐地出现复制的图像，如图5-12所示。

（4）继续按住鼠标左键，进行拖曳复制蝴蝶图像，得到最终效果图，如图5-13所示。

图 5-12　使用"仿制图章工具"　　　　　　　　　图 5-13　最终效果

3. 去除多余人物

（1）打开要修补的图片，选择"修补工具"，并选择修补模式为"内容识别"，单击鼠标左键圈住要修补的对象，如图5-14所示。

（2）按住鼠标左键拖曳修补内容到目标位置，如图5-15所示。

图 5-14 圈住要修补的对象

图 5-15 拖曳到目标位置

（3）最终效果实现，如图 5-16 所示。

图 5-16 最终效果

任务二 使用美化图像工具

一、相关知识：美化图像工具

1. 红眼工具

"红眼工具"在 Photoshop 专门用于去除照片中的红眼。操作时只需在图像中鼠标单击红眼区域，或者拖动鼠标框选红眼区域，即可去除红眼，如图 5-17 所示。

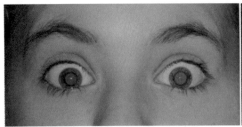
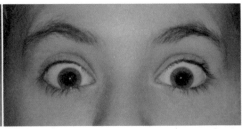

图 5-17 去除红眼

2. 内容感知移动工具

使用"内容感知移动工具"可以将图像中的对象移动到图像的其他位置，并且在对象原来的位置自动填充附近的图像。在使用"内容感知移动工具"时，首先要用该工具拖拉框选出需要移动的图像选区，再把选区拖拉到想要的图像区域。

3. 模糊工具、锐化工具和涂抹工具

（1）"模糊工具"是通过降低图像相邻像素之间的反差，使图像的边界变得柔和，常用来修复图像中杂点或折痕，如图 5-18 所示。

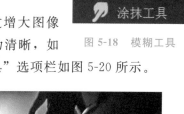

图 5-18　模糊工具

（2）"锐化工具"与"模糊工具"恰好相反，它通过增大图像相邻像素之间的反差来锐化图像，从而使图像看起来更为清晰，如图 5-19 所示。其使用方法与"模糊工具"相同，"锐化工具"选项栏如图 5-20 所示。

图 5-19　使用"锐化工具"

图 5-20　"锐化工具"选项栏

（3）"涂抹工具"通过混合图像的颜色模拟手指搅拌颜料的效果，可用于修复有缺陷的图像边缘。"涂抹工具"选项栏如图 5-21 所示。

图 5-21　"涂抹工具"选项栏

4. 减淡工具、加深工具和海绵工具

"减淡工具"和"加深工具"都是色调调整工具，它们分别通过增加和减少图像的曝光度使图像变亮或变暗，功能与"亮度/对比度"命令类似，如图 5-22 所示。使用"加深工具"的效果如图 5-23 所示。

图 5-22 "减淡工具"和"加深工具"

图 5-23 "加深工具"的效果

"海绵工具"的作用是改变图像局部的色彩饱和度，可选择减少饱和度（去色）或增加饱和度（加色），流量越大效果越明显，如图 5-24 所示。

图 5-24 增加饱和度效果

二、任务解析：美女换脸和面部祛斑

▌要点提示

（1）添加图层蒙版，用黑色柔角画笔将不需要的部分擦除。

（2）创建曲线图层，进行细微调整。

（3）创建色相/饱和度图层，降低面部饱和度。

（4）使用"加深工具"进行面部加深。

（5）用"修复画笔工具"对肌肤进行取样修复雀斑。

任务步骤

1. 美女换脸

（1）打开要进行操作的图片，置入美女头像素材，如图 5-25 所示。

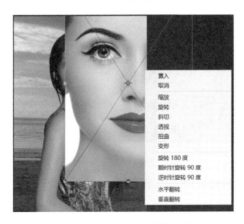

图 5-25　置入美女头像素材

（2）将美女头像素材调整到合适的位置，可适当地降低图层的不透明度，方便调整，如图 5-26 所示。

图 5-26　调整位置

（3）添加图层蒙版，用黑色柔角画笔将不需要的部分擦除，如图 5-27 所示。

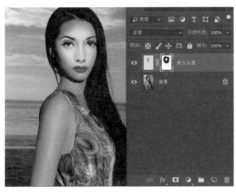

图 5-27　图层蒙版擦除

（4）创建曲线图层，进行细微调整，稍微压暗图片，并按【Ctrl＋Alt＋G】键设置剪切蒙版，针对面部进行压暗，如图5-28所示。

图 5-28　创建曲线图层

（5）创建色相/饱和度图层，降低面部饱和度，并按【Ctrl＋Alt＋G】键设置剪切蒙版，针对面部进行操作，如图5-29所示。

图 5-29　调整色相/饱和度

（6）按【Ctrl＋Alt＋Shift＋E】键盖印所有可见图层，并选择"加深工具"，调整画笔大小为240像素，进行面部加深，可根据个人习惯进行多次涂抹效果。最终效果如图5-30所示。

图 5-30　效果图

2．面部祛斑

（1）打开雀斑女孩素材，按【Ctrl＋J】键复制图层，如图5-31所示。

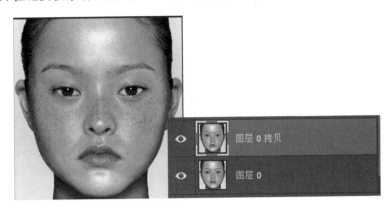

图5-31 打开图形并复制图层

（2）点击"修复画笔工具"，按【Alt】键对肌肤进行取样修复雀斑，这步只要求大致地进行修复，后期还会进行细致处理，如图5-32所示。

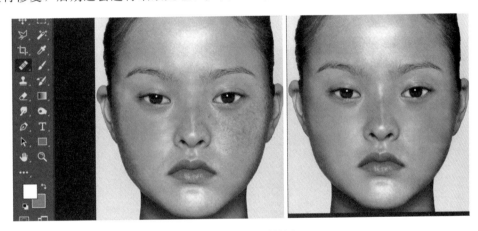

图5-32 画笔取样修复

（3）选择一个反差较大的通道——蓝通道，点击蓝通道进行复制，如图5-33所示。

图5-33 蓝通道拷贝

（4）对蓝通道执行"滤镜"→"其他"→"高反差保留"命令，并将半径设置为10像素，如图5-34所示。

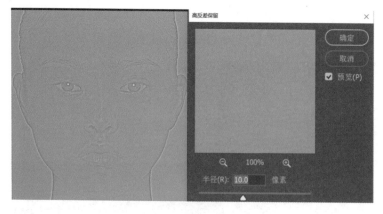

图 5-34　高反差保留

（5）执行"图像"→"计算"命令，在"计算"对话框中将混合改"强光"，连续进行三次计算（计算是通道的一个选择手段或者工具，它在通道中运算产生新的 Alpha 专用通道，如图 5-35 所示；强光模式会表现出一种强烈光线照射的效果，高光度的区域将变得更亮，暗调区域将变得更暗，如果执行滤色计算，图像就会变得更亮），如图 5-36 所示。

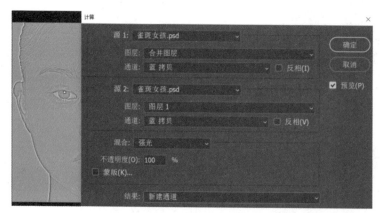

图 5-35　"计算"对话框

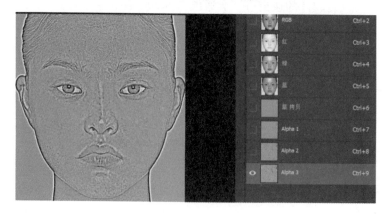

图 5-36　计算得到 Alpha 通道

（6）将 Alpha3 通道载入选区，如图 5-37 所示。

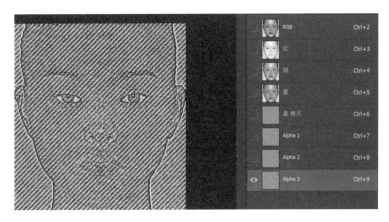

图 5-37　载入选区

（7）点击 RGB 通道，返回图层，按【Ctrl＋Shift＋I】进行反选，执行"图像"→"调整"→"曲线"命令，调亮皮肤。参数设置如图 5-38 所示。

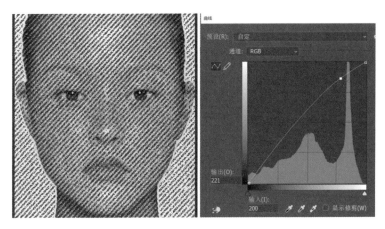

图 5-38　曲线调整

（8）将原图置于修饰层下面，修饰层添加蒙版，用黑画笔涂抹五官及头发，如图5-39所示。

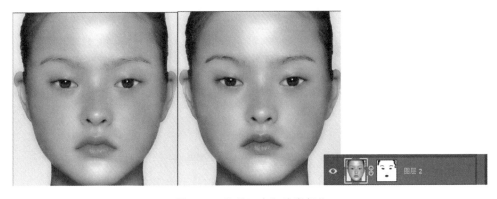

图 5-39　处理五官和头发部位

（9）盖印可见图层，执行"滤镜"→"纹理"→"纹理化"命令，给皮肤添加毛细孔效果，如图 5-40 所示。

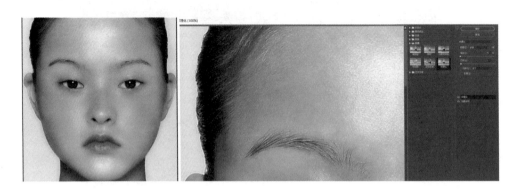

图 5-40　设置纹理化

（10）添加蒙版，用黑画笔涂抹五官毛发及背景，如果太明显，降低图层不透明度，如图 5-41 所示。

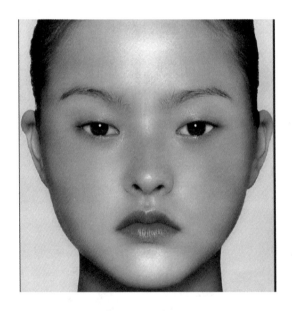

图 5-41　整体修饰

（11）创建曲线图层进行细微调整参数，设置曲线图层模式为柔光，不透明度为 50％，图 5-42 为最终效果。

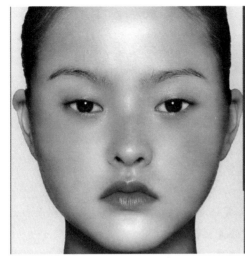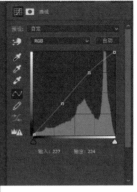

图 5-42 最终效果图

课后练习

☞ **填空题**

1. "_____工具"可以将图像中的像素复制到其他图像或同一图像的其他部分,可在同一图像的不同图层间进行复制,对于复制图像或覆盖图像中的缺陷十分重要。

2. 使用"_____工具"可以将图像中的对象移动到图像的其他位置,并且在对象原来的位置自动填充附近的图像。

☞ **单选题**

1. 在 Photoshop 中,下面有关修补工具的使用描述正确的是( )。

   A. "修补工具"和"修复画笔工具"在修补图像的同时不可以保留原图像的纹理、亮度、层次等信息

   B. "修补工具"和"修复画笔工具"在使用时都要先按住【Alt】键来确定取样点

   C. 在使用"修补工具"操作之前所确定的修补选区能有羽化值

   D. "修补工具"只能在同一张图像上使用

2. 在 Photoshop 中,有关"模糊工具"和"锐化工具"的使用描述不正确的是( )。

   A. 它们都是用于对图像细节的修饰

   B. 按住【Shift】键就可以在这两个工具之间切换

   C. "模糊工具"可降低相邻像素的对比度

   D. "锐化工具"可增强相邻像素的对比度

3. 在 Photoshop 中,使用"仿制图章工具"按住( )键并单击可以确定取样点。

A. Alt   B. Ctrl   C. Shift   D. Alt＋Shift

4. 在 Photoshop 中，利用"仿制图章工具"可以在（　　）进行克隆操作。

   A. 两幅图像之间   B. 两个图层之间

   C. 原图层   D. 文字图层

5. 在 Photoshop 中使用仿制图章复制图像时，每一次释放左键后再次开始复制图像，都将从原取样点开始复制，而非按断开处继续复制，其原因是（　　）。

   A. 此工具的"对齐的"复选框未被选中

   B. 此工具的"对齐的"复选框被选中

   C. 操作的方法不正确

   D. 此工具的"用于所有图层"复选框被选中

6. 在 Photoshop 中，下面有关"修复画笔工具"的使用描述错误的是（　　）。

   A. "修复画笔工具"可以修复图像中的缺陷，并能使修复的结果自然融入原图像

   B. 在使用"修复画笔工具"的时候，要先按住【Ctrl】键来确定取样点

   C. 如果是在两个图像之间进行修复，那么要求两幅图像具有相同的色彩模式

   D. 在使用"修复画笔工具"的时候，可以改变画笔的大小

☞ **简答题**

   1. "模糊工具""锐化工具""涂抹工具"分别是什么？

   2. 比较"修复画笔工具"和"仿制图章工具"的异同。

☞ **操作题**

   结合本节课学习的知识点，对图 5-43（a）进行修饰，达到图 5-43（b）的效果。

（a）   （b）

图 5-43　对图片进行修饰

(a) 修饰前；(b) 修饰后

项目 六

路径与矢量工具

学习目标

1. 掌握路径的概念及类型。
2. 掌握路径创建工具的使用。
3. 掌握路径编辑工具的使用。
4. 熟悉"路径"面板。
5. 掌握形状工具的使用及选项栏设置。

任务一 认 识 路 径

一、相关知识：路径

Photoshop CC 2018 提供了一些专门用于绘制路径和形状的工具，如工具箱中的"钢笔工具""自由钢笔工具""矩形工具""椭圆工具""直线工具""自定形状工具"等。通过以上工具，我们可以绘制出较为复杂的曲线路径和形状，供设计使用。而路径是一种矢量对象，它不受分辨率的影响，不会因为放大而出现锯齿、模糊等现象。

1. 认识路径

（1）路径的概念。路径是指由绘图工具创建的任意形状的线路，用它可以勾勒出物体的轮廓，所以一般也称它为轮廓线，在 Photoshop 中，可以使用"钢笔工具"或"形状工具"来绘制路径。路径可以是直线，也可以是曲线，而为了更好地编辑路径，每个路径的两端均有锚点可对其进行移动位置、改变形状等操作。路径也可以与选区进行相互转换，它的作用主要为绘图及抠图。

路径是由锚点和连接各个锚点之间的直线或曲线线段所构成的，如图 6-1 所示。路径涉及以下几个概念：

1）锚点。路径中每条线段开始和结束的点，用于改变或固定路径。锚点分为节点、角点和平滑点。

2）节点。选取工具箱中的"钢笔工具" ，在图像编辑窗口中单击鼠标左键创建锚点，如果锚点的两端是直线线段，那么该锚点称为节点。节点表示路径中两条直线的交角。

3）平滑点。如果两条曲线线段相交锚点处的控制手柄在一条直线上，那么该锚点称为平滑点。当在平滑点上移动控制手柄时，其两侧的曲线线段同时改变。

4）角点。两条曲线线段在相交锚点处的控制手柄不在一条直线上，那么该锚点称为角点。在角点上移动控制手柄只会改变控制手柄同侧的曲线线段。

5）控制手柄。即曲线线段上由锚点延伸出来的切线。按【Alt】键拖动平滑点一侧控制手柄，可将平滑点转换为角点。

（2）路径的类型。Photoshop CC 2018 中路径没有严格的分类，在绘制过程中一般分为以下三种：

1）直线线段。选择工具箱中的"钢笔工具" ，在图像编辑窗口中单击鼠标左键出现锚点，再在不同的位置单击，即可在两个锚点之间创建一条直线线段。

2）曲线线段。单击并拖曳鼠标，出现控制手柄之后松开，即可创建曲线线段。

3）直线线段和曲线线段结合。若要绘制直线线段则单击鼠标左键，若要绘制曲线线段则拖曳鼠标，出现控制手柄，直线线段和曲线线段可以进行结合。

以上所述路径如图 6-2 所示。

除了以上分类外，路径还可以分为开放路径和闭合路径。开放路径为路径的起点和终点不是一个锚点的情况，闭合路径为路径起点和终点是一个锚点，或者说是一个封闭的路径，如图 6-3 所示。

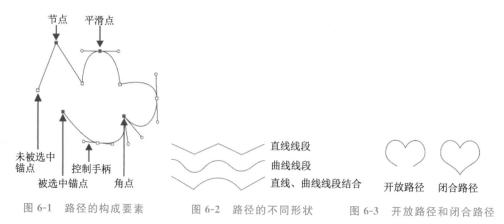

图 6-1 路径的构成要素   图 6-2 路径的不同形状   图 6-3 开放路径和闭合路径

在绘制路径过程中，将鼠标指针移动到路径的起始锚点，当指针变为形状 时单击，即完成闭合路径的绘制。

2. 路径的创建

工具箱中的"钢笔工具" 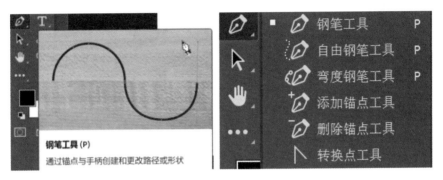是 Photoshop 中的矢量绘图工具，可以绘制任意开放或闭合的路径和形状，为绘制复杂图形提供了技术支撑。而在选取图像特定区域上，如果需要选取的形状不规则、颜色差异很大，用前面创建选区的方法比如"矩形选框工具""套索工具""快速选择工具""魔棒工具"等都无法将图像抠出来，此时，就可以借助钢笔工具来描绘出路径，然后再把路径转换为选区，即可对图形进行相关操作。

常用的创建路径的工具有"钢笔工具""自由钢笔工具""弯度钢笔工具"，右键单击"钢笔工具"按钮，即可弹出隐藏窗口，如图 6-4 所示。

图 6-4　"钢笔工具"隐藏窗口

（1）"钢笔工具"。"钢笔工具"是最基本、也是最常用的路径绘制工具，单击工具箱中的"钢笔工具"按钮，或按【P】键，当鼠标指针变为形状时，即可在图像编辑窗口中创建路径。"钢笔工具"选项栏如图 6-5 所示。

图 6-5　"钢笔工具"选项栏

部分选项含义如下：

1）工具模式。单击该选项弹出下拉列表，包括"形状""路径""像素"3 个选项，默认状态为"路径"。

2）路径转换。包括"建立选区"、"新建矢量蒙版"和"新建形状图层"3 个选项。单击选项，即为把当前绘制路径转换为相应的模式。

3）路径操作。鼠标单击该按钮，弹出"路径操作"面板，如图 6-6 所示，它主要用于多个形状路径复合成一个的情况，以创建较为复杂的形状路径。

4）路径选项。鼠标单击该按钮，弹出"路径选项"对话框，如图 6-7 所示，在这里可以设置路径的粗细和颜色；如果勾选"橡皮带"复选框，绘制路径时移动光标会在上一个锚点和鼠标指针之间形成一个路径状的线，显示出该段路径的大致形状。

图 6-6 "路径操作"面板

图 6-7 "路径选项"对话框

5）添加/删除锚点。当位于路径上时自动添加或删除锚点。选中该按钮，当路径处于编辑状态下时将鼠标置于路径上，在线段上时鼠标指针变为 形状，可添加锚点；在锚点上时鼠标指针变为 形状，可删除锚点。

在使用"钢笔工具"时，不仅可以绘制直线和曲线路径，还可以创建形状图形。

绘制路径：在选项栏的"工具模式"中选择"路径"按钮，然后在图像编辑窗口中单击鼠标，绘制第一个路径的锚点，接着绘制第二个锚点，两个锚点之间即出现一条线段。需要注意的是，只单击鼠标左键产生的路径是直线路径，单击并拖曳鼠标左键产生的路径是曲线路径，如图 6-8 所示。

绘制形状路径：在选项栏的"工具模式"中选择"形状"按钮，然后在图像编辑窗口中单击或拖曳鼠标，即可绘制形状路径，如图 6-9 所示。

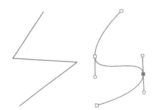

图 6-8 直线路径和曲线路径

图 6-9 绘制形状路径

若想结束路径的绘制，按住【Ctrl】键不松，在路径外任意位置单击鼠标即可；若想删除前一个锚点，则按【Delete】键直接删除。在绘制路径的过程中应注意，如果想要更圆润、平滑的效果，锚点要尽可能少。对于较为平滑的图形边缘，应使用平滑点，而对于有拐角的图形边缘，应使用角点。

（2）"自由钢笔工具" 。"自由钢笔工具"的使用方法类似于"钢笔工具"，可自由地绘制路径。右键单击工具箱中的"钢笔工具"，在弹出的列表中选择"自由钢笔工具"，其选项栏如图 6-10 所示。

路径选项

磁性钢笔

图 6-10 "自由钢笔工具"选项栏

部分选项含义如下：

1）路径选项。该选项与"钢笔工具"状态下相比，多了"磁性"的设置，如图6-11所示。其中，"宽度"选项指的是磁性钢笔工具查找边缘的路径范围，其范围值在1～256像素之间；"对比"选项指的是对图像边缘的敏感度，值越大，其敏感度越低，只会识别与周围有强烈对比的边缘，其范围在1％～100％之间；"频率"选项为生成控制锚点的数量，其范围在0～100之间。

2）磁性钢笔。选中该选项后，光标将自动沿着图像的边缘区域创建路径，如图6-12所示。

用"自由钢笔工具"绘制路径的方法：选中工具箱中的"自由钢笔工具"，在图像编辑窗口中单击鼠标左键并拖曳鼠标，拖曳的同时也是绘制路径的过程，松开鼠标，路径绘制结束；若想要绘制闭合路径，则将鼠标移至起点位置处，当"自由钢笔工具"形状的指针右端出现小圆圈时松开鼠标，即创建了一条闭合路径。用该工具创建的路径如图6-13所示。在绘制过程中按住【Alt】键不放，可暂时以单击鼠标的方式绘制直线路径。

图6-11　路径选项　　　　图6-12　创建图像路径　　　　图6-13　绘制路径

（3）"弯度钢笔工具" 。"弯度钢笔工具"的使用方法类似于"钢笔工具"，但与"钢笔工具"相比，它的操作更加的灵活，可绘制具有弯曲度的路径。右键单击工具箱中的"钢笔工具"，在弹出的列表中选择"弯度钢笔工具"，其选项栏同"钢笔工具"选项栏。

用"弯度钢笔工具"绘制路径的方法为，选中工具箱中的"弯度钢笔工具"，在图像编辑窗口中单击鼠标左键，确定第一个锚点，再在其他位置单击，确定第二个锚点，以此类推；在创建三个锚点之后，此时的路径会根据锚点的具体位置自动进行弯度处理，形成一个平滑的弧度，如图6-14所示。

将鼠标指针移至锚点处，当指针变 为形状时，拖曳鼠标，可移动锚点的位置，相应地，路径的弯曲度也会随着拖动位置的变化而实时调整；双击锚点，可进行平滑点和角点之间的转换，如图6-15所示。

图 6-14 "弯度钢笔工具"创建路径图　　　图 6-15 编辑"弯度钢笔工具"绘制路径

3. 路径的编辑

创建好路径之后，如果对路径不太满意，尤其对于边缘很复杂的图像，可以通过"路径编辑工具"对其进行调整或修改，以达到满意效果。编辑路径的工具有"添加锚点工具""删除锚点工具""转换点工具""路径选择工具""直接选择工具"五种。

（1）"添加锚点工具"　。选中工具箱中的"添加锚点工具"，当鼠标移动到路径上时，指针变为　形状，单击鼠标左键即可在该位置添加一个锚点。

（2）"删除锚点工具"　。选择工具箱中的"删除锚点工具"，当鼠标移动到锚点上时，指针变为　形状，单击鼠标左键即可删除该锚点。

（3）"转换点工具"　。选择工具箱中的"转换点工具"，当鼠标移动到锚点上时，指针变为　形状，单击鼠标左键，即可实现节点、平滑点和角点之间的转换。在"平滑点"处单击，转换为"节点"，如图 6-16 所示；在"节点"处按住鼠标左键并拖曳出控制手柄，"节点"转换为"平滑点"，如图 6-17 所示；拖曳控制手柄一侧控制点，对其进行单边调整，另一侧不发生变化，转换为"角点"，如图 6-18 所示。

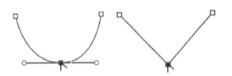

图 6-16 平滑点转换为节点

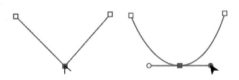

图 6-17 节点转换为平滑点

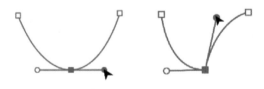

图 6-18 平滑点转换为角点

（4）"路径选择工具"　。该工具用于选择和移动整条路径。在工具箱中单击"路径选择工具"，鼠标单击路径，即可选中整条路径，此时路径中的所有锚点显示为实心。在单击的同时拖曳路径，即可对路径进行移动，如图 6-19 所示。

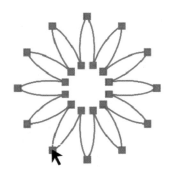

图 6-19 "路径选择工具"选择和移动整条路径

"路径选择工具"使用方法如下：

1）按【Alt】键的同时在图像编辑窗口中移动路径，可复制路径。

2）按【Ctrl+T】键，对路径实施"自由变换"命令，可对路径的形状进行变形。

3）按【Shift】键选中多个路径，在选项栏中选择"对齐方式" ■ 选项，可对多个路径实施对齐操作。

（5）"直接选择工具" ▶。用于选择、移动和编辑路径中的锚点。在工具箱中单击"直接选择工具"，鼠标单击路径中的锚点，当锚点变为实心时，为被选中状态，即可对该锚点实施移动、编辑等操作，如图 6-20 所示。

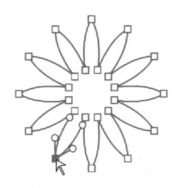

图 6-20 "直接选择工具"选择某个锚点

用"钢笔工具"创建路径，当路径处于编辑状态下时，按住【Alt】键不松，将鼠标置于锚点位置，指针变为"转换点工具"形状 ⌐，可对锚点应用"转换点工具"相应功能。按住【Ctrl】键不松，将鼠标置于路径形状上，指针变为"直接选择工具"形状 ▶，可对路径形状应用"直接选择工具"相应功能。

4. "路径"面板

执行"窗口"→"路径"命令，打开"路径"面板，如图 6-21 所示，"路径"面板的主要功能就是存储和管理路径。

路径

工作路径

将路径作为选区载入
用画笔描边路径
用前景色填充路径

从选区生成工作路径
创建新路径
删除当前路径

图 6-21 "路径"面板

该面板部分选项含义如下：

（1）路径。已经被存储过的路径。

（2）工作路径。临时状态的路径。

（3）用前景色填充路径。单击该按钮，可以用前景色填充路径内区域。

（4）用画笔描边路径。单击该按钮，可以按当前设置的"画笔工具"和前景色对路径进行描边。

（5）将路径作为选区载入。单击该按钮，可以将绘制的当前路径转换为选区。

（6）从选区生成工作路径。该按钮的作用与"将路径作为选区载入"的作用相反，可以将选区转换为路径。

（7）创建新路径。单击该按钮，可以创建一条新的路径；将已有路径层拖曳到该按钮上，可生成该路径的拷贝路径层。

（8）删除当前路径。将需要删除的路径图层拖曳到该按钮上，或者选中路径图层，直接按【Delete】键，也可删除路径。

对"路径"面板部分选项功能的展示如图 6-22 所示。

（a）创建路径　　　（b）用前景色填充　　（c）画笔描边路径　　（d）路径作为选区载入

图 6-22 "路径"面板部分选项功能展示

在使用"钢笔工具"进行绘制路径前，单击"路径"面板中的"创建新路径"按钮，会生成一个以"路径 1"命名的路径层，该路径层中的路径会一直保存在"路径"面板中，直至删除；如果没有单击"创建新路径"，而是直接绘制路径，那么在"路径"面板中会自动生成一个以"工作路径"命名的路径层，工作路径只是一种临时路径，一旦再绘制新的路径，之前的路径将被替换。在"路径"面板中，按【Alt】键的同时单击面板下方各选项，可打开相应的选项对话框对其参数进行设置。

二、任务解析：可爱的小猫咪

要点提示

（1）使用"钢笔工具"绘制路径。

（2）使用"直接选择工具"对路径形状进行编辑。

（3）使用"路径"面板中的"用前景色填充路径"进行颜色填充，"用画笔描边路径"对路径描边。

任务步骤

（1）按【Ctrl＋N】键新建大小为"12 cm×12 cm"、分辨率为"300 像素/英寸"的文件，其他为默认设置。

（2）设置前景色为 R＝157，G＝213，B＝202，按【Alt＋Delete】键对背景图层填充颜色，如图 6-23 所示。

（3）在"图层"面板中单击"创建新图层"按钮![按钮]，新建"图层 1"，执行工具箱中的"钢笔工具"命令绘制如图 6-24 所示路径，并用"直接选择工具"对其形状进行调整。

（4）将前景色改为 R＝255，G＝249，B＝239，单击"路径"面板中的"用前景色填充路径"选项对其进行颜色填充，单击"路径"面板中的空白区域隐藏路径，如图 6-25 所示。

 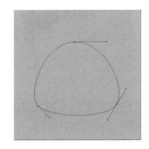 

图 6-23　填充前景色　　　　图 6-24　绘制路径图　　　　图 6-25　填充前景色

（5）选择工具箱中的"椭圆工具"绘制猫咪的眼睛，在选项栏中设置工具模式为"形状"，填充颜色为 R＝61，G＝78，B＝86，无描边，绘制如图 6-26 所示椭圆，该图层默认以"椭圆 1"命名。继续绘制另外 3 个椭圆，这时在选项栏中设置填充颜色为"白色"（R＝255，G＝255，B＝255），如图 6-27 所示。提示：当用形状工具绘制形状路径时，会自动弹出"形状属性"面板，也可在该面板中设置所绘制形状的一些属性。

（6）新建图层，选择"钢笔工具"绘制如图 6-28 所示直线路径，选择"画笔工具"在其选项栏中设置画笔大小为"6 像素"，硬度为"100％"。设置前景色为 R＝61，G＝78，B＝86，在"路径"面板中单击"用画笔描边路径"，描绘眼睫毛效果。继续以同样的方式绘制其余眼睫毛，直至一只眼睛绘制完成，如图 6-29 所示。

（7）在"图层"面板中选中"椭圆 1"，按住【Ctrl】键不松，继续选中眼睛的其余图层，全部选中之后，单击"创建新组" 选项，生成"组 1"，重命名为"眼睛"，如图 6-30 所示。

（8）选中"眼睛"组，按【Ctrl＋J】键复制该组，得到"眼睛拷贝"组，用"移动工具"将其移动到合适位置，如图 6-31 所示。

图 6-26　绘制椭圆　　　　图 6-27　绘制其他椭圆　　　　图 6-28　绘制直线路径

图 6-29　完成一只眼睛　　　　图 6-30　创建新组　　　　图 6-31　拷贝眼睛

（9）新建图层，用"钢笔工具"绘制猫咪的鼻子路径，设置前景色为 R＝255，G＝177，B＝183，并用前景色填充路径，如图 6-32 所示。

图 6-32　绘制鼻子　　　　图 6-33　绘制嘴巴和胡须　　　　图 6-34　绘制腮红

（10）设置前景色为 R＝61，G＝78，B＝86，用和绘制猫咪眼睫毛同样的方法绘制嘴巴和胡须，效果如图 6-33 所示。

（11）选择"椭圆工具"，设置填充色为 R＝255，G＝177，B＝183，无描边，绘制猫咪的腮红，按【Ctrl＋J】键对其再制，并把这两个图层至于胡须图层的下方，效果如图 6-34 所示。

（12）新建图层，设置前景色为 R＝249，G＝202，B＝182，用"钢笔工具"绘制猫咪额前斑纹，如图 6-35 所示。

（13）新建图层，用"钢笔工具"绘制猫咪耳朵，具体操作同步骤（12），如图 6-36 所示。选中该图层，按【Ctrl＋J】键对耳朵进行再制，按【Ctrl＋T】键执行"自由变换"命令，并右键单击，在弹出的下拉列表中选择"水平翻转"，将其移动到合适位置，按【Enter】键结束自由变换状态，将耳朵图层置于猫咪脸蛋图层的下方，即可将耳朵置于猫咪脸蛋的后方，效果如图 6-37 所示。

图 6-35 绘制额前斑纹   图 6-36 完成一只耳朵   图 6-37 将耳朵置于后方

（14）新建图层，用"钢笔工具"绘制猫咪尾巴，并将该图层置于后方，最终效果如图 6-38 所示。

（15）按【Ctrl＋S】，保存类型为".psd"格式。

图 6-38 绘制尾巴

任务二　使用形状工具

一、相关知识：形状工具

路径不仅可以使用"钢笔工具"创建，还可以使用工具箱中的形状工具来绘制。Photoshop CC 2018中的形状工具有"矩形工具""圆角矩形工具""椭圆工具""多边形工具""直线工具""自定形状工具"六种，如图6-39所示。"形状工具"可以快速地创建形状路径，选择相应的形状工具，在图像编辑窗口中单击鼠标，在弹出的对话框中输入数值，或者单击的同时拖曳鼠标，直接绘制即可。

图6-39　形状工具

1."矩形工具"▭

单击工具箱中的"矩形工具"按钮，或按【U】键，使"矩形工具"处于选中状态，在图像编辑窗口中单击鼠标左键或者拖曳即可创建矩形，"矩形工具"选项栏如图6-40所示。

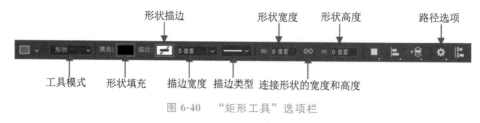

图6-40　"矩形工具"选项栏

部分选项含义如下：

（1）工具模式。它包括形状、路径和像素3个选项，默认状态为"形状"。使用"矩形工具"在图像编辑窗口绘制图形时，"图层"面板会自动生成一个"形状图层"，且在"路径"面板生成相应路径，如图6-41所示。这时，可以对路径进行移动、修改形状等操作，如图6-42所示。若选择"路径"则只是简单的生成路径。

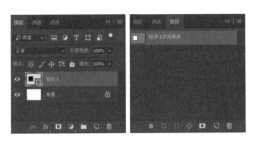
图 6-41　形状图层

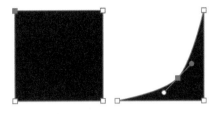
图 6-42　用路径编辑工具进行编辑

（2）形状填充。设置形状填充的类型，单击该填充色块，弹出"填充类型"面板，如图 6-43 所示。可以设置填充颜色为"无颜色""纯色""渐变色""图案"四种类型。

（3）形状描边。设置形状的描边类型，具体设置同"形状填充"。

（4）描边宽度。设置形状的描边宽度，范围为"0～1 200 像素"。

（5）描边类型。设置形状描边类型，类型有直线、虚线等。

（6）路径选项。单击该按钮，弹出"路径选项"面板，如图 6-44 所示。选中"不受约束"选项，绘制的是任意大小的矩形；选中"方形"选项，绘制的是正方形；选中"固定大小"选项，在其右侧输入矩形的长和宽，即为绘制的矩形大小；选中"比例"选项，绘制的矩形长和宽以相应的比例进行缩放；选中"从中心"选项，在绘制矩形时以中心点向外扩散。

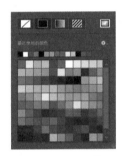
图 6-43　"填充类型"面板

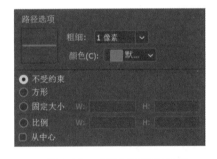
图 6-44　"路径选项"面板

在创建矩形时，按住【Shift】键的同时拖曳鼠标，可绘制一个正方形，按住【Alt】键的同时拖曳鼠标，则可绘制沿中心点向外扩散的矩形。

2. "圆角矩形工具"

右键单击工具箱中的"矩形工具"按钮，在弹出的下拉列表中选择"圆角矩形工具"，在图像编辑窗口中单击鼠标左键或者拖曳即可创建圆角矩形，"圆角矩形工具"选项栏如图 6-45 所示，与"矩形工具"选项栏相比，多了"圆角半径"选项，用于设置圆角半径的大小。

圆角半径

图 6-45　"圆角矩形工具"选项栏

3．"椭圆工具"

椭圆工具可以绘制圆形矢量图形，包括椭圆和正圆，具体操作同矩形工具。

4．"多边形工具"

多边形工具可以绘制等边多边形，比如等边三角形、五角形和六角形等。"多边形工具"选项栏如图 6-46 所示。

路径选项　边数

图 6-46　"多边形工具"选项栏

部分选项含义如下：

（1）路径选项。单击该按钮，弹出"路径选项"面板，如图 6-47 所示。其中，"半径"用于设置多边形的中心到外部点之间的距离；选中"平滑拐角"选项，可在图像编辑窗口中绘制节点平滑的多边形，如图 6-48 所示；选中"星形"选项，可对"缩进边依据"和"平滑缩进"进行设置，输入不同的数值，图形效果也会有所区别，如图 6-49 和图 6-50所示。

图 6-47　"路径选项"面板　　图 6-48　选中"平滑拐角"前后效果对比

图 6-49　"缩进边依据"不同值效果对比　　图 6-50　选中"平滑缩进"前后效果对比

（2）边数。设置多边形的边数或星形的顶点数。

5．"直线工具"

直线工具可以绘制粗细不同的直线或带有箭头的线段，其选项栏如图 6-51 所示。

路径选项　线条粗细

图 6-51　"直线工具"选项栏

单击"路径选项"按钮，弹出"路径选项"面板，如图 6-52 所示。选中"起点"选项，绘制直线时会在起点位置处添加箭头；选中"终点"选项，会在终点位置处添加箭头，如图 6-53 所示；"宽度"设置箭头宽度为线条粗细的百分比，如图 6-54 所示；"长度"设置箭头长度为线条粗细的百分比，如图 6-55 所示；"凹度"设置箭头的凹凸程度，如图 6-56 所示。

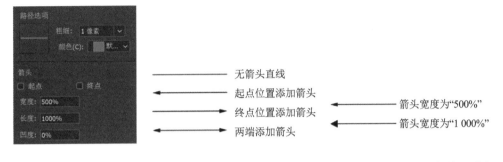

图 6-52 "路径选项"面板　　图 6-53 直线线段的类型　　图 6-54 "箭头宽度"效果对比

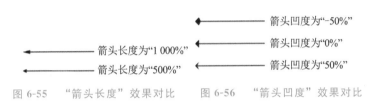

图 6-55 "箭头长度"效果对比　　图 6-56 "箭头凹度"效果对比

6. "自定形状工具"

"自定形状工具"可以绘制 Photoshop CC 2018 中预设的一些自定义形状，其选项栏如图 6-57 所示。其中，"设置形状"选项用于设置待创建的形状样式，单击该按钮，弹出"形状样式"面板，如图 6-58 所示，可选择其中的任意形状，在图像编辑窗口中进行绘制。

图 6-57 "自定形状工具"选项栏

图 6-58 "形状样式"面板

将鼠标指针置于"形状样式"面板右下角 ▨ 处，当指针呈 ↖ 形状时，拖曳鼠标可放大或缩小样式面板；单击右上角的 ⚙ 图标，在弹出的列表中选择"全部"选项，即可载入全部自带的形状。用户也可以将自己创建的路径或形状保存起来，供下次使用，具体操作方法：在"路径"面板中选中需要保存的路径，执行"编辑"→"定义自定形状"命令，或在图像编辑窗口中右键单击该路径，在弹出的下拉列表中选择"定义自定形状"即可；创建的形状可以在"形状样式"面板中查看。

二、任务解析：夏日冰淇淋

要点提示

（1）使用"圆角矩形工具""椭圆工具""自定形状工具"绘制形状路径。

（2）使用"直接选择工具"对路径进行编辑。

（3）为图像添加投影效果。

任务步骤

（1）按【Ctrl＋N】键新建大小为"22 cm×22 cm"、分辨率为"300 像素/英寸"的文件，其他为默认设置。

（2）设置前景色为 R＝255，G＝255，B＝157，按【Alt＋Delete】键对背景图层填充颜色。

（3）执行工具箱中的"圆角矩形工具"来绘制矩形，矩形绘制结束后，在右侧的"属性"面板（或执行"窗口"→"属性"命令调出）中设置填充颜色为"白色"，描边为"无"，角半径为"200 像素"，如图 6-59 所示，该形状路径在"图层"面板中自动生成图层"圆角矩形 1"。

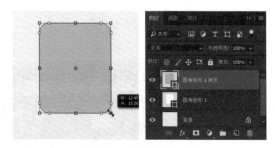

图 6-59　通过"属性"面板调整其属性　　　图 6-60　对圆角矩形由中心向外等比例放大

（4）选中"圆角矩形 1"图层，按【Ctrl＋J】键创建其拷贝图层"圆角矩形 1 拷贝"，双击该拷贝图层的缩略图 ▦，在弹出的"拾色器"对话框中设置颜色为 R＝138，G＝218，B＝131，点击"确定"按钮即可。按【Ctrl＋T】键使其处于"自由变换"状态，拖曳四个任意角的同时按【Shift＋Alt】键对其由中心往外等比例放大，如图 6-60 所示，按回车键退出自由变换状态。

（5）用"直接选择工具"对"圆角矩形 1 拷贝"形状路径进行编辑，如图 6-61 所示。

图 6-61 编辑形状路径

（6）在"图层"面板中新建图层，用"矩形工具"绘制如图 6-62 所示矩形，图层默认为"矩形 1"，按【Ctrl+J】键生成拷贝图层"矩形 1 拷贝"和"矩形 1 拷贝 2"，按住【Ctrl】键不松，单击这三个图层，使该三个图层同时处于选中状态，右键单击鼠标，弹出下拉列表，选中"合并形状"，生成合并图层，如图 6-63 所示。

图 6-62 绘制矩形　　　　　　　　　　图 6-63 合并图层

（7）按【Ctrl+T】键对该图层进行自由变换操作并移动到合适位置，按【Enter】键结束自由变换状态，如图 6-64 所示；右键单击该图层，在弹出的下拉列表中选择"创建剪切蒙版"选项，效果如图 6-65 所示。

图 6-64 旋转并移动形状路径　　　　图 6-65 "创建剪切蒙版"效果

（8）新建图层，用"椭圆工具"绘制"眼睛"形状，分别生成"椭圆 1""椭圆 2"

"椭圆3"三个图层，如图6-66所示，选中这三个图层，按【Ctrl＋J】键对其进行再制，用工具箱中的"移动工具"将其移动到合适位置，如图6-67所示。

（9）新建图层，执行工具箱中的"自定形状工具"命令，在其选项栏中设置填充颜色为"红色"（R＝255，G＝0，B＝0），"形状"列表中选择"红心形卡" ，在图像编辑窗口绘制如图6-68所示形状。

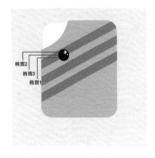

图6-66　绘制眼睛　　　　图6-67　再制另一只眼睛　　　　图6-68　绘制心形

（10）新建图层，用"矩形工具"绘制如图6-69所示矩形，填充颜色为R＝247，G＝228，B＝149，无描边，并将该图层拖曳至冰淇淋的下方，如图6-70所示。

图6-69　绘制矩形　　　　图6-70　调整图层位置

（11）在"图层"面板中选中除背景图层以外的所有图层（按【Shift】键可实现从第一个到最后一个图层的全选），单击鼠标右键，在下拉菜单中选择"从图层新建组"选项，为该组命名为"冰淇淋"，如图6-71所示。

图6-71　从图层新建组

（12）单击"图层"面板下方的"添加图层样式"选项 *fx*，选择"投影"效果，在弹出的"图层样式面板"中设置投影的参数如图 6-72 所示，最终效果如图 6-73 所示。

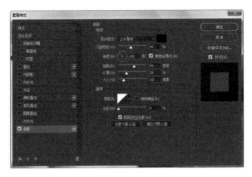

图 6-72　投影参数设置

图 6-73　投影效果

（13）按【Ctrl＋S】键保存，保存类型为"．psd"格式。

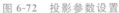
课后练习

☞ **填空题**

1．路径是指由_____创建的任意形状的线路，用它可以勾勒出物体的轮廓。_____工具是最基本、也是最常用的路径绘制工具。

2．Photoshop CC 2018 中的形状工具有"矩形工具""_____工具""椭圆工具""_____工具""直线工具""_____工具"六种。

☞ **单选题**

1．将路径转换为选区的快捷键是（　　）。

A. Ctrl＋Enter　　　　　　　　　　B. Ctrl＋Alt＋Enter

C. Shift＋Enter　　　　　　　　　　D. Alt＋Enter

2．取消选区的快捷键是（　　）。

A. Ctrl＋S　　　　B. Ctrl＋D　　　　C. Alt＋S　　　　D. Alt＋D

3．（　　）不是路径编辑工具。

A. 直接选择工具　　　　　　　　　　B. 路径选择工具

C. 钢笔工具　　　　　　　　　　　　D. 删除锚点工具

4．按住（　　）键不松，在路径外任意位置单击鼠标即可结束路径的绘制。

A. Ctrl　　　　　B. Alt　　　　　C. Shift　　　　　D. Ctrl＋Shift

5．用"矩形工具"绘制矩形时，按（　　）键拖曳鼠标可绘制以鼠标单击点为中心向四周扩散的正方形。

A. Shift＋Ctrl　　　B. Shift＋Alt　　　C. Alt＋Ctrl　　　D. Alt

☞ **简答题**

1. 简述"钢笔工具"和"弯度钢笔工具"的区别。

2. 如何将自己创建的路径或形状保存到"自定形状工具"之中？

☞ **操作题**

结合本项目学习的知识点，完成图 6-74 的绘制。

图 6-74　绘制完成效果

操作提示：

（1）新建文件尺寸为"16 cm×12 cm"，分辨率为"300 像素/英寸"。

（2）使用"钢笔工具"绘制树根路径并用路径编辑工具进行调整。

（3）使用"自定形状工具"绘制树叶，并通过再制、变换和移动达到逼真效果。

（4）使用"自定形状工具"绘制小草和芭蕉叶。

项目 七

文 字 处 理

学习目标

1. 掌握各类型文字的输入方法。
2. 掌握文字工具属性的设置。
3. 掌握"字符"面板和"段落"面板的设置。
4. 掌握路径文字、变形文字及转换文字的具体操作。

任务一 认识文字工具

一、相关知识：文字工具的输入及其属性

一个好的设计作品，除了具有炫彩的图像，文字也起着至关重要的作用，它可以直观地表达出作品所需要呈现给人们的信息。Photoshop CC 2018 在文字工具上相较于以前的版本也有所改进，应用起来更加得心应手，利用文字工具，可以输入横排、直排文字或创建文字选区，配合图层、滤镜等效果，可以很方便地制作出精美的特效文字效果。

1. 输入文字

Photoshop CC 2018 提供了四种用于文字输入的工具，分别为"横排文字工具""直排文字工具""直排文字蒙版工具""横排文字蒙版工具"，如图 7-1 所示。

图 7-1   文字工具

（1）输入横排或直排文字 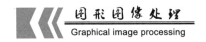。输入横排文字和直排文字在操作方法上是相同的，因此，只通过讲解输入横排文字来介绍其操作方法。具体步骤如下：

鼠标左键单击工具箱中的"文字工具" **T** 或按【T】键，使文字工具处于选中状态，其默认为"横排文字工具"，在图像编辑窗口任意位置单击鼠标左键，此时出现一个闪动的光标，即可直接输入文字。

单击文字工具选项栏中的"提交所有当前编辑"按钮 ✔ 或按【Ctrl＋Enter】键，完成文字的输入；若单击"取消所有当前编辑"按钮 ⊘ ，则取消文字的输入。

分别选择工具箱中的"横排文字工具"和"直排文字工具"，在图像编辑窗口中输入文字即可。

在文本编辑状态下，鼠标呈 形状时表示正在输入，鼠标呈 形状时表示可以移动文字。在图像编辑窗口中输入文字后，会自动生成一个文本图层，其缩览图是一个以"T"字母显示的图层，并且该图层会自动按照输入的文字来命名，如图 7-2 所示。

图 7-2   文字图层

（2）输入点文字或段落文字。点文字和段落文字的不同之处在于：点文字不会自动换行，需要按【Enter】键方可完成换行操作，而段落文字到达文本虚线边框时，文字会自动换行。

1）输入点文字。选取工具箱中的"横排文字工具"或"直排文字工具"，在图像编辑窗口中单击鼠标左键，出现闪动的光标时输入文字，即为点文字，如图 7-3 所示。

2）输入段落文字。选取工具箱中的"横排文字工具"或"直排文字工具"，在图像编辑窗口中按住鼠标左键不松，拖曳出一个合适大小的矩形文本框，在该文本框中输入文字，即为段落文字，如图 7-4 所示。

当文本框右下角的控制点显示为空心正方形时，表面文字全部显示，如图 7-4 所示。当呈"田"字形时表明文字没有全部显示出来，如图 7-5 所示。这时，调整虚线文本框的大小，可将隐藏的文本全部显示出来。

图 7-3　输入点文字　　　　图 7-4　输入段落文字　　　　图 7-5　文字未全部显示

通过对控制点的调节，可以对段落文本进行缩放、旋转、斜切等自由变换。按住【Ctrl】键不松，文本框由虚线变为实线，将光标放在文本框内部，变成 ▶ 形状时可移动文本；将光标放在控制点位置处，变成 形状时拖动可实现缩放，变成 形状时可实现旋转，变成 形状时可实现斜切，具体效果如图 7-6 所示。

图 7-6　对段落文本进行"旋转"和"斜切"效果

以上操作同样适用于点文字。可以选中文字图层，执行菜单栏中的"编辑"→"自由变换"命令或按【Ctrl＋T】键，也可以实现对文字的自由变换操作。点文字可以通过执行菜单栏中的"文字"→"转换为段落文本"命令，实现段落文本的转换，同样，段落文本也可以通过执行菜单栏中的"文字"→"转换为点文本"命令来实现点文本的转换。

（3）输入选区文字。选择工具箱中的"直排文字蒙版工具" 或"横排文字蒙版工具" ，在图像编辑窗口中输入文字，图像中的非文字选区为半透明红色，显示蒙版效果。点击文字工具选项栏中的 按钮，完成输入，文字部分显示为选区状态，该选区可以像普通选区一样操作，但不能进行文本的编辑，且输入的文字不会产生新的文字图层，如图 7-7 所示。

图 7-7　输入蒙版文字

2. 设置文字选项

（1）"文字工具"选项栏。选择工具箱中的"横排文字工具"，即可看到"文字工具"选项栏，一般的文字格式都可以在这里设置，包括文字的大小、字体样式和颜色等，如图7-8所示。

图 7-8　"文字工具"选项栏

部分选项含义如下：

1）切换文本取向：将当前图层中的横排文字和直排文字进行相互转换。

2）设置消除锯齿的方法：用于设置文字边缘的平滑程度，包括无、锐利、犀利、浑厚、平滑、Windows LCD 和 Windows 选项。

3）文本对齐：用于设置文本的对齐方式。当输入的是横排文字时，这三个按钮分别是"左对齐文本"按钮▇、"居中对齐文本"按钮▇和"右对齐文本"按钮▇；若输入的是直排文字，则分别是"顶对齐文本"按钮▇、"居中对齐文本"按钮▇和"底对齐文本"按钮▇。

4）文字变形：单击该按钮，弹出"变形文字"对话框，即可设置文字的变形效果，具体操作将在下文中的"文字特效"→"变形文字"中进行详细介绍。

5）显示/隐藏字符/段落面板：单击该按钮，弹出"字符/段落"面板，即可对文本格式进行设置。

（2）"字符"面板。"文字工具"选项栏解决了一般的文本格式设置，但对于较复杂的格式，就需要通过"字符"面板和"段落"面板来完成。

在"文字工具"选项栏中单击"切换字符段落面板"按钮▇，即可弹出"字符"面板，如图7-9所示。调出"字符"面板也可通过执行"窗口"→"字符"命令来实现。

字符
段落
字体
黑体
字体大小
14点
(自动)
行距
字距微调
0
0
字距
字符比例间距
0%
垂直缩放
100%
100%
水平缩放
基线偏移
0点
颜色:
字体颜色
美国英语
锐利

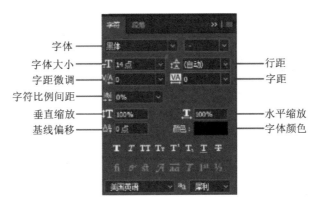

图 7-9 “字符”面板

部分选项含义如下：

1）行距。设置行与行之间的间距。图 7-10 即为行距分别为“自动”和“40 点”的效果对比。

人生就像一场旅行，从始发站到终点站，在乘车的过程中你会遇到各种各样的人，有的人在下一站就就下车了，有的人则在下一站刚刚上车，有时候你会觉得每个人都行色匆匆，不知道谁能够陪伴你到终点站。
人生就像一场旅行，从始发站到终点站，在乘车的过程中你会遇到各种各样的人，有的人在下一站就就下车了，有的人则在下一站刚刚上车，有时候你会觉得每个人都行色匆匆，不知道谁能够陪伴你到终点站。

（a）　　　　（b）

图 7-10 行距分别为“自动”和“40 点”的效果对比

（a）自动；（b）行距为 40 点

2）字距微调。设置两个字符间的字距微调。该选项只适用于文本输入状态下，对光标位置文字的字距调整。

3）字距。设置所选字符的字距调整。该值越大，字符间距越大。如图 7-11 所示即为字距分别为“0”和“200”的效果对比。

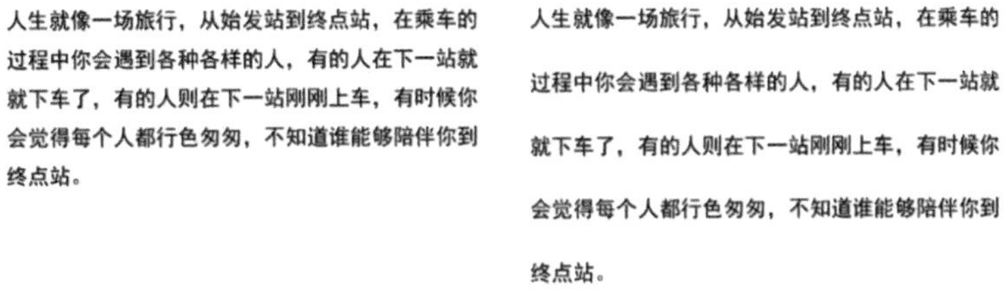

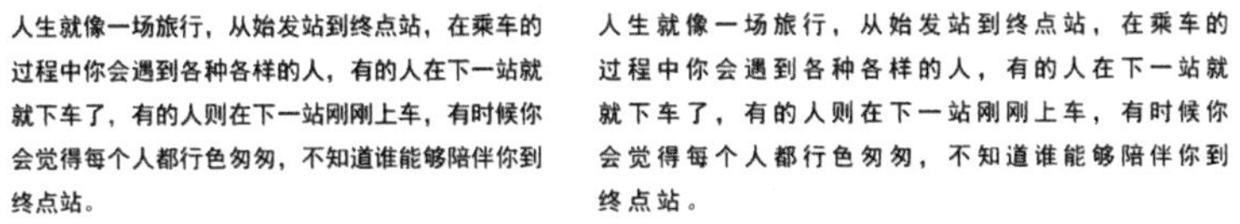

人生就像一场旅行，从始发站到终点站，在乘车的过程中你会遇到各种各样的人，有的人在下一站就就下车了，有的人则在下一站刚刚上车，有时候你会觉得每个人都行色匆匆，不知道谁能够陪伴你到终点站。
人生就像一场旅行，从始发站到终点站，在乘车的过程中你会遇到各种各样的人，有的人在下一站就就下车了，有的人则在下一站刚刚上车，有时候你会觉得每个人都行色匆匆，不知道谁能够陪伴你到终点站。

（a）　　　　（b）

图 7-11 字距分别为“0”和“200”的效果对比

（a）字距为 0；（b）字距为 200

4）字符比例间距。设置所选字符的比例间距。

5）垂直缩放。设置垂直缩放比例。所选字符在水平宽度不变的情况下，垂直进行缩放。值越大，字越长。如图 7-12 所示即为垂直缩放分别为“100%”和“130%”的效果对比。

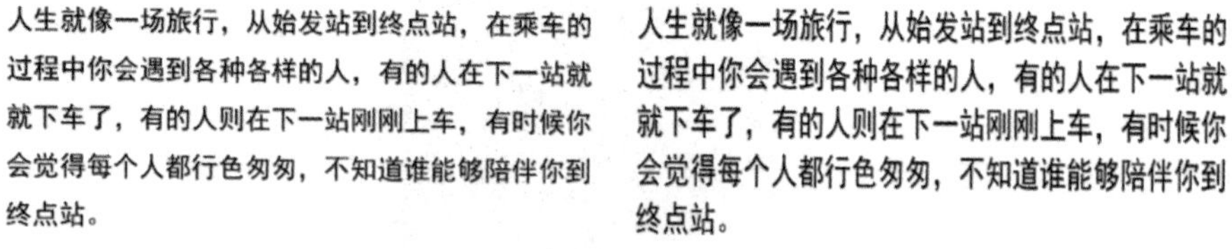

人生就像一场旅行，从始发站到终点站，在乘车的过程中你会遇到各种各样的人，有的人在下一站就就下车了，有的人则在下一站刚刚上车，有时候你会觉得每个人都行色匆匆，不知道谁能够陪伴你到终点站。
人生就像一场旅行，从始发站到终点站，在乘车的过程中你会遇到各种各样的人，有的人在下一站就就下车了，有的人则在下一站刚刚上车，有时候你会觉得每个人都行色匆匆，不知道谁能够陪伴你到终点站。

（a） （b）

图 7-12　垂直缩放分别为“100%”和“130%”的效果对比

（a）垂直缩放 100%；（b）垂直缩放 130%

6）水平缩放。设置所选字符的水平缩放比例。

7）基线偏移。设置字符在默认高度的基础上，向上或向下偏移的距离，正值使字符向上移动，负值使字符向下移动。如图 7-13 所示即为基线偏移量分别为“0 点”“20 点”“－20 点”的效果对比。

Photoshop
CC
2018

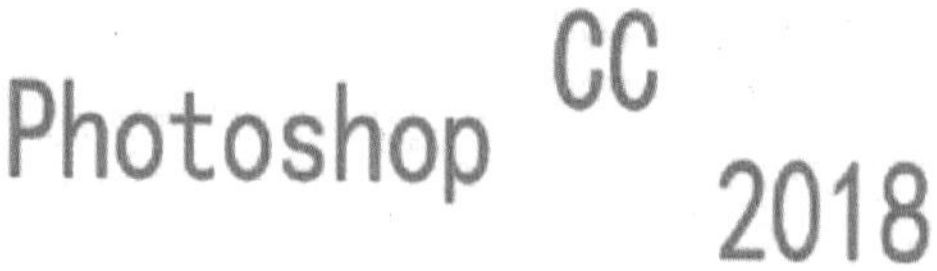

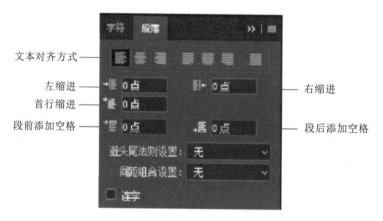

图 7-13　基线偏移量分别为“0 点”“20 点”“－20 点”的效果对比

（3）“段落”面板。在“字符”面板中，点击右侧的“段落”选项，即可调出“段落”面板，如图 7-14 所示。调出“段落”面板也可通过执行“窗口”→“段落”命令来实现。

字符
段落
文本对齐方式
左缩进
0点
0点
右缩进
首行缩进
0点
段前添加空格
0点
0点
段后添加空格
避头尾法则设置：
无
间距组合设置：
无
连字

图 7-14　“段落”面板

部分选项含义如下：

1）文本对齐方式。设置文本段落的对齐方式，包括左对齐文本、居中对齐文本、右对齐文本、最后一行左对齐、最后一行居中对齐、最后一行右对齐和全部对齐，具体效果如图 7-15 所示。

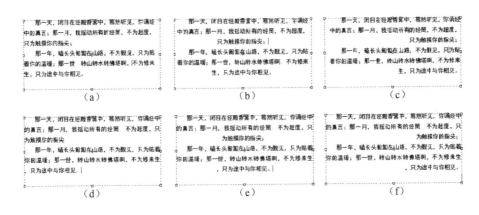

图 7-15　文本对齐方式

（a）左对齐文本；（b）居中对齐文本；（c）右对齐文本；

（d）最后一行左对齐；（e）最后一行居中对齐；（f）最后一行右对齐

2）左缩进、右缩进、首行缩进。设置段落文本的缩进量，具体效果如图 7-16 所示。

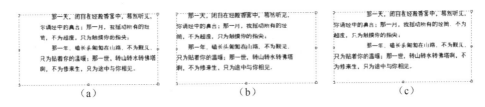

图 7-16　段落缩进

（a）左缩进"0点"；（b）右缩进"0点"；（c）首行缩进"0点"

3）段前添加空格。设置选中段落文本与前一段文本之间的距离。图 7-17 所示即为段前空格分别为"0点"和"15点"的效果对比。

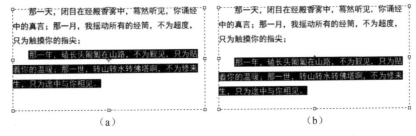

图 7-17　段前空格分别为"0点"和"15点"的效果对比

（a）段前空格为"0点"；（b）段前空格为"15点"

二、任务解析：制作中华传统美食宣传单

制作带有中华传统特色的美食宣传单页，利用文字工具对河南烩面做详细介绍，并进行排版，通过本任务所学习知识点，综合应用前面所学的知识，最终完成制作。

要点提示

（1）使用"直排文字工具"输入点文字及段落文字，并通过"字符"面板更改其属性设置。

（2）使用"矩形工具"绘制矩形。

（3）选择"栅格化文字"命令将文字图层转换为普通图层，按【Alt＋Ctrl＋G】键创建剪切蒙版。

任务步骤

（1）准备宣传河南烩面的素材，如图 7-18 所示。按【Ctrl＋N】键新建大小为"30 cm×15 cm"、分辨率为"300 像素/英寸"的文件，其他为默认设置。

素材1　　　　　　　素材2　　　　　　　文案

图 7-18　素材

（2）打开"素材 1.jpg"文件，将素材 1 移动复制到美食宣传单中，按【Ctrl＋T】键调整大小及位置，使其覆盖画布大小，设置不透明度为"60％"，如图 7-19 所示。

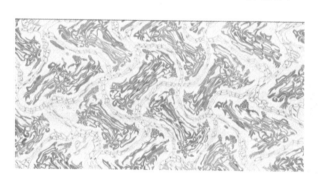

图 7-19　复制素材并调整大小

（3）选择工具箱中的"矩形工具"绘制矩形，在选项栏中设置工具模式为"形状"，填充颜色为 R＝249，G＝240，B＝235，描边颜色为 R＝153，G＝134，B＝78，描边宽度为"5 像素"，矩形正中心居中对齐，具体设置如图 7-20 所示。

图 7-20　矩形形状的绘制及参数设置

（4）使用"直排文字工具"输入"烩面"，设置字体为"黑体"，字体颜色为"黑色"，大小为"120 点"。打开"图层"面板，将鼠标放置到文字图层，单击右键，在弹出的快捷菜单中选择"栅格化文字"命令，将文字图层转换为普通图层，如图 7-21 所示。

图 7-21　栅格化文字

（5）打开"素材 2.png"文件，移动复制到美食宣传单中，自动生成"图层 2"，将该图层置于"烩面"图层的上方，使"图层 2"处于选中状态，按【Alt＋Ctrl＋G】键创建剪切蒙版，如图 7-22 所示。

图 7-22　创建剪切蒙版

（6）在"图层"面板中创建新图层，执行工具箱中的"矩形选框工具"绘制矩形选区，设置前景色为 R＝176，G＝28，B＝26，按【Alt＋Delete】键填充前景色，再按【Ctrl＋D】键取消选区。

（7）使用"直排文字工具" IT 在红色矩形区域内输入"中华传统美食"，字体为"黑体"，字体颜色为"白色"（R＝255，G＝255，B＝255），大小为"18 点"，在"字符"面板中设置"垂直缩放 120％"。继续使用"直排文字工具"输入"Chinese traditional cuisine"，置于红色矩形区域下方，排列整齐，具体如图 7-23 所示。

图 7-23　输入直排文字

（8）选中"直排文字工具"，在图像编辑窗口内单击鼠标左键并拖动，出现一个虚线框，即可输入段落文本，文本字体为"楷体"，大小为"14 点"，颜色为"黑色"，并添加"下划线" T 设置，如图 7-24 所示。

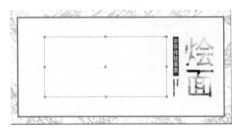

图 7-24　输入段落文本

（9）将"素材 2.png"移动复制到美食宣传单中，自动生成"图层 4"，按【Ctrl＋T】键调整图像大小及位置，按回车键结束编辑，如图 7-25 所示。

图 7-25　移动并缩放图片

（10）将"图层 4"拖至文字图层的下方，最终效果如图 7-26 所示。

图 7-26 最终效果图

（11）按【Ctrl＋S】，保存类型为"．psd"格式。

任务二 使用文字特效

一、相关知识：文字特效

1. 路径文字

路径文字是指沿路径排列的文字，这种文字不再是单调的水平或垂直排列，也可以是曲线型的，它使得文字的处理方式变得更加灵活。

（1）创建沿路径排列文字。用"钢笔工具"绘制路径，使用"横排文字工具"将光标置于路径上，当鼠标指针变为 形状时，单击鼠标输入文字即可。这时，输入的文字将沿着路径排列，如图 7-27 所示。

图 7-27 输入路径文字

使用工具箱中的"路径选择工具"或"直接选择工具"，将光标置于路径文字末端，当指针变为 形状时，单击鼠标左键并拖动，可设置显示文字的框架大小，这时可将隐藏文字显示出来，如图 7-28 所示。

图 7-28　隐藏路径文字和显示路径文字效果对比

将光标置于路径文字前端，当指针变为▶形状时，单击鼠标左键并拖动，可设置路径文字的起始位置，如图 7-29 所示。

图 7-29　起始位置设定效果对比

将光标置于路径文字上，当指针变为╄形状时，可整体拖动文字位置。鼠标指针以上述三种任意形状单击并向路径的另一侧拖动文字，即可将文字翻转，如图 7-30 所示。

图 7-30　翻转文字效果

（2）调整文字路径形状。选择工具箱中的"直接选择工具"按钮，用鼠标左键单击路径使其处于选中状态，拖曳路径各节点，即可完成路径形状的调整，如图 7-31 所示。

图 7-31　调整路径文字形状

2. 变形文字

使用"横排/直排文字工具"输入文本，在文字工具选项栏中单击"创建文字变形"按钮，弹出"变形文字"对话框，如图 7-32 所示，即可对文字添加变形效果。部分变形样式效果如图 7-33 所示。

图 7-32 "变形文字"对话框及其样式

（a） （b） （c）

（d） （e） （f）

（g） （h） （i）

图 7-33 部分变形样式效果

（a）扇形；（b）凸起；（c）贝壳；（d）花冠；（e）旗帜；

（f）鱼形；（g）鱼眼；（h）挤压；（i）扭转

3. 转换文字

输入文本后，可以对文字进行相应的转换，转换之后的文字可以进行笔画变形、添加滤镜等，使文字看起来更加丰富、具有吸引力。

（1）将文字转换为路径。将文字转换为路径，通过改变路径各节点的位置及形状，来达到对文字变形的目的。

具体操作：在图像编辑窗口任意位置输入文字，执行菜单栏中的"文字"→"创建工作路径"命令，即可在当前文字图层的基础上创建文字路径，在"路径"面板中也可看到生成的文字路径，如图 7-34 所示。用工具箱中的"直接选择工具"可对各节点进行拖移、增加和删除等操作，来改变文字的形状。

图 7-34　将文字转换为路径

在文字图层上单击鼠标右键，在弹出的快捷菜单中选择"创建工作路径"选项，也可将文字转换为路径。但需要注意的是，"创建工作路径"不产生新的图层。

（2）将文字转换为图像。文字是矢量图形，即随意放大缩小而质量不产生变化，但是由于 Photoshop 是点阵图处理软件，也叫"位图处理软件"，很多操作都是针对点阵图来进行操作，比如滤镜效果等，因此，需将文字图层转换为普通图层，即进行"栅格化"处理。

具体操作：选中文字图层，执行菜单栏中的"文字"→"栅格化文字图层"命令，即可将该文字图层转换为普通图层，如图 7-35 所示。

图 7-35　将文字转换为图像

将文字转换为图像之后，就不能对文字进行字体、字号、颜色等的编辑。因此，在对文字进行转换之前，必须先确定是否还需要进行属性的设置，否则将会带来不必要麻烦。

（3）将文字转换为形状。选中文字图层，执行菜单栏中的"文字"→"转换为形状"命令，即可将该文字图层转换为形状图层。通过"直接选择工具"对各节点进行编辑，达到文字变形的效果，如图 7-36 所示。

图 7-36　将文字转换为形状

将文字转换为形状和路径的区别：形状画出来的图形会自动填充并生成形状图层。路径只会勾画出路径，若要对路径填充颜色，在"路径"面板中选择"用前景色填充路径"选项。

二、任务解析：制作母亲节海报

制作节日海报要求在设计时考虑节日因素，母亲节是女性的节日，要求女性特点更加突出，因此，在制作时加上红唇、内衣等元素，粉色代表温馨。在制作过程中，需要用到文字变形工具，也是本任务所讲述的重点知识。

▌要点提示

（1）使用"钢笔工具""直接选择工具"绘制路径。

（2）使用"路径选择工具"移动文字。

（3）使用"横排文字工具"输入文字。

（4）使用"删除锚点工具"删除路径文字部分节点。

▌任务步骤

（1）准备制作母亲及海报的素材，如图 7-37 所示。按【Ctrl＋N】键新建大小为"16 cm×12 cm"、分辨率为"300 像素/英寸"的文件，其他为默认设置。

素材1　　　　素材2　　　　素材3　　　　素材4　　　　素材5

图 7-37　素材

（2）在"图层"面板中创建新图层，系统默认命名为"图层 1"，设置前景色为 R＝243，G＝43，B＝104，按【Alt＋Delete】键为"图层 1"填充前景色，如图 7-38 所示。

（3）在"图层"面板新建"图层 2"，使"图层 2"处于选中状态。用"钢笔工具" 绘制如图 7-39 所示闭合路径，并通过直接选择工具 对各节点进行编辑。

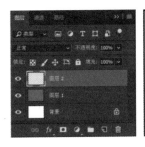
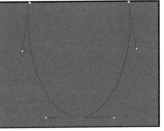

图 7-38　"图层"面板　　　　　　图 7-39　绘制闭合路径

（4）设置前景色为"白色"（R＝255，G＝255，B＝255），单击"路径"面板下的"用前景色填充路径"按钮，得到如图7-40所示图形。

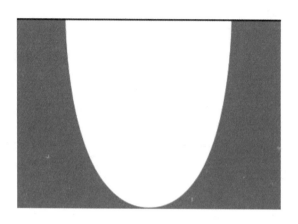

图7-40　用前景色填充路径

（5）用"钢笔工具"和"直接选择工具"绘制如图7-41所示曲线路径。

（6）单击"画笔设置"面板，设置画笔参数如图7-42所示。

（7）单击"路径"面板下的"用画笔描边路径"按钮○，得到如图7-43所示效果。为了绘制出对称的路径，可以创建"参考线"来作为参照。

图7-41　绘制路径　　　　图7-42　设置画笔参数　　　　图7-43　用画笔描边路径

（8）用"横排文字工具"输入"母亲节"，字体为"黑体"，大小为"80点"，颜色为R＝243，G＝43，B＝104，右键单击"图层"面板中的"文字图层" T 母亲节，在弹出的快捷菜单中选择"创建工作路径"选项，文字周围出现节点，如图7-44所示。

（9）单击"母亲节"文字图层左侧的眼睛图标 ◉，使该图层不可见，如图7-45所示。

（10）用工具箱中的"路径选择工具"  移动文字，最终效果如图 7-46 所示。

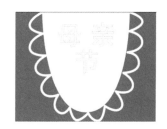

图 7-44　创建工作路径　　　图 7-45　隐藏文字图层　　　图 7-46　移动路径文字

（11）用"删除锚点工具" 删除路径文字部分节点，得到如图 7-47 所示文字效果。在"图层"面板中新建图层，使其处于选中状态，设前景色为 R＝243，G＝43，B＝104，在"路径"面板中单击"用前景色填充路径"按钮，得到如图 7-48 所示图形。

图 7-47　删除路径文字节点　　　　　　　　　图 7-48　用前景色填充路径

（12）打开"素材 1. png"文件，移动复制到图像编辑窗口，按【Ctrl＋T】键缩放并移至合适位置，再打开"素材 2. png""素材 3. png""素材 4. png""素材 5. png"文件，具体操作同素材 1，效果如图 7-49 所示。

（13）用"横排文字工具"输入"——感恩一路有你——"和"Thanksgiving has you all the way."，字体为"微软雅黑"，颜色为"黑色"（R＝0，G＝0，B＝0），其中汉语字体大小为"12 点"，英语字体大小为"8 点"，如图 7-50 所示。

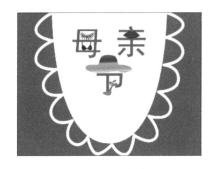

图 7-49　添加素材　　　　　　　　　图 7-50　输入文字

（14）用"横排文字工具"输入"亲爱的妈妈，我爱你！"，字体为"微软雅黑"，大小为"8点"，继续输入该海报左下角和右下角的文字，效果如图 7-51 所示。

图 7-51　输入文字

（15）用"自定形状"绘制心形形状，选择工具模式为"形状"，填充"白色"（R＝255，G＝255，B＝255），描边为"无"，按住【Shift】键拖动鼠标绘制正心形，最终效果如图 7-52 所示。按【Ctrl＋S】键保存，保存类型为".psd"格式。

图 7-52　完成效果

课后练习

☞ **填空题**

1. Photoshop CC 2018 提供了四种用于文字输入的工具，分别为"＿＿＿＿＿文字工具""直排文字工具""＿＿＿＿＿＿工具""直排文字蒙版工具"。

2. 输入＿＿＿＿后，可以对文字进行相应的转换，转换之后的文字可以进行笔画变形、添加滤镜等，使文字看起来更加丰富、具有吸引力。

3. 将文字转换为路径，通过改变路径各节点的＿＿＿＿及＿＿＿＿，来达到对文字变形的目的。

☞ **单选题**

1. 执行菜单栏中的"编辑"→"自由变换"命令的快捷键是（　　　）。

　　A. Ctrl＋A　　　　　　B. Ctrl＋T　　　　　　C. Shift＋A　　　　　　D. Alt＋T

2. 使用下列哪一项工具可在图像编辑窗口中输入文字？（　　）

　　A. 文字工具　　　　　B. 笔刷工具　　　　　C. 画笔工具　　　　　D. 矩形工具

3. 在图像编辑窗口中输入文字后，会在"图层"面板中产生下列哪一种图层？（　　）

　　A. 文字图层　　　　　B. 普通图层　　　　　C. 调整图层　　　　　D. 图层样式

☞ **简答题**

1. 列举在 Photoshop 中文本对齐的方式。

2. 在 Photoshop 中转换文字有哪几种方法？

☞ **操作题**

　　路径文字可以制作曲线文字，这在图形图像设计中会起到意想不到的效果，路径文字除了可以沿开放路径、闭合路径排列外，还可以在闭合路径内显示。请结合本项目学习的知识点，制作 2018 路径文字，完成效果如图 7-53 所示。

图 7-53　完成效果

（1）使用"钢笔工具""路径选择工具""直接选择工具"绘制路径。

（2）使用"创建工作路径"将文字转换为路径。

（3）使用"字符面板"对文字大小、字体等进行设置。

项目 八

图层与蒙版的应用

学 习 目 标

1. 了解图层的基本概念和基本操作。

2. 了解图层的各种使用技巧，以及图层样式的应用。

3. 了解图层蒙版的种类和应用。

任务一　了解图层的基本操作

一、相关知识：图层

图层在 Photoshop CC 2018 中扮演着重要的角色。对图像进行绘制或编辑时，所有的操作都是基于图层的，就像人们写字必须写在纸上、画画时必须画在画布上一样。

图层是 Photoshop CC 2018 的主要功能之一，也是 Photoshop CC 2018 学习的重点。在学习图层时，可以把图层想象成一张张透明的玻璃纸，可以根据需要在不同玻璃之上绘制上不同的图像，当把绘制好图像的玻璃纸重叠在一起的时候，就能得到一幅完整的图像了，并且它们之间互不干涉。

例如，在图 8-1 中可以看到由三个图层构成的一张图像。对其中的向日葵图层中的向日葵进行水平翻转，如图 8-2 所示，在编辑过程中不会影响另外两个图层。这是因为虽然看上去它们是一个图像，但实际上它们在不同图层中，是互不干涉的。

图 8-1 几个图层构成的图像　　图 8-2 将向日葵图像水平翻转

常见的图层类型有背景图层、普通图层、填充和调整图层、效果图层、形状图层、文字图层、蒙版图层、智能对象图层、视频图层和 3D 图层。其中背景图层是位于"图层"面板最下层且不透明的一种专门被用作图像背景的特殊图层；普通图层包括文字图层和图像图层，它是最基本和最常见的图层，对图层的许多操作都是在普通图层上进行的，它是完全透明的。

1. 图层的新建

Photoshop CC 2018 中新建图层的方法有以下几种：

方法一：点击"图层"面板下方 （新建）图标，即可产生空白图层，如图 8-3 所示。

图 8-3　在"图层"面板下点击 图标产生新的空白图层

方法二：点击"图层"面板右侧隐藏按钮，在弹出的菜单中执行"新建图层"命令，弹出"新建图层"对话框，在对话框中进行设置后按"确定"按钮即可得到新的空白图层，如图 8-4 所示。

图 8-4 从图层隐藏菜单里新建图层

方法三：执行"图层"→"新建"→"图层"命令，即可获得新的空白图层。

2. 图层的复制

在图像制作的过程中，有时候需要将一个图形复制多个，就可以通过复制图层的方式来达到目的。Photoshop 中复制图层的方式有以下几种：

方法一：将图层用鼠标左键拖动到 ▢ 按钮，即可复制一个新的图层，如图 8-5 所示。

(a)

(b)

图 8-5 通过图层面板复制的图像

(a) 将图层拖入面板下的 ▢ 按钮；(b) 复制的图层副本

方法二：选择要复制的图层后按【Ctrl＋J】键，即可复制一个新图层。

方法三：选择图层右击，在弹出的快捷菜单中选择"复制图层"命令。

方法四：用"移动工具" ✛ 直接将其他文件中的图像移动到当前图像中，或选择"移动工具"选中当前文件中的图像，同时按住【Alt】键拖曳图像。此两种方法都可以在"图层"面板中生成图像的副本层。

3. 图层的删除

对于不再需要的图层，可以将它们删除，以节省存储空间，并且使界面简洁，操作方便。

方法一：将图层用鼠标左键拖动到"图层"面板下方"删除图层"图标 🗑，即可删除图层，如图 8-6 所示。

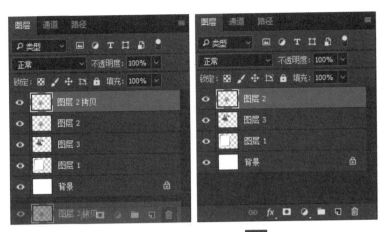

图 8-6 将"图层"拖入"图层"面板下的 🗑 图标，可删除图层

方法二：选择要删除的图层，按【Delete】键即可删除图层。

方法三：选择要删除的图层，右击鼠标，在弹出的快捷菜单中选择"删除图层"选项，即可删除图层。

方法四：点击"图层"面板右上角的隐藏按钮，在弹出菜单中选择"删除图层"选项即可。

4. 图层顺序的调整

方法一：用鼠标左键上下拖动可调整图层的位置，如图 8-7 所示。

图 8-7 用"移动工具"将图层 1 移动到图层 2 下面

方法二：按"Ctrl＋【"上移一次；按"Ctrl＋】"下移一次；按"Ctrl＋Shift＋【"将图层置于最底部按"Ctrl＋Shift＋】"将图层置于最顶部。

5. 显示或隐藏图层

在图像编辑过程中，有时候需要将一些图像隐藏以方便操作。对图像进行隐藏的方法如下：

方法一：打开或关闭图层前面的"指示图层的可见性"按钮（俗称眼睛）即可实现图层的显示与隐藏功能。

方法二：按【Alt】键或单击图层前面的眼睛按钮，可以隐藏除该图层以外的其他图层；同样操作再次执行，则恢复图层的可见性。

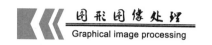

6. 链接图层

在处理多个图层中的内容时，可以使用链接图层按钮，方便快捷地对链接的多个图层同时进行移动、缩放、旋转或创建剪切蒙版等操作。

建立链接时，先选中需要建立链接的图层，然后点击"图层"面板下面的"链接"图标，或选择要链接的图层右击鼠标，在弹出的快捷菜单中选择"链接图层"命令即可实现链接图层。再次点击面板下的"链接"图标，所有的链接即被取消，如图 8-8 所示。

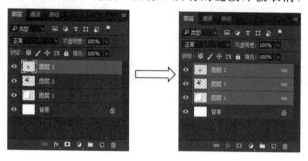

图 8-8　图层的链接

7. 锁定图层

（1）锁定透明区域。此功能可锁定图层的透明区域，使编辑范围仅限于工作图层上的非透明区域，透明区域不受影响。

（2）锁定图像。在对图像进行编辑时，如果担心不小心修改了某个图层的内容，可以点击面板上的图标锁定图层中的图像，锁定图层后，只能对图层进行移动变换操作，不能在图层上绘画、擦除或应用滤镜。

（3）锁定位置。可以通过图标锁定图像在窗口中的位置，锁定位置后，该图层中的图像不能被移动。

（4）锁定全部。可锁定以上全部选项。

8. 重命名图层

对图层重命名的目的是方便快速查找图层，双击图层名称即可重命名，如图 8-9 所示。

图 8-9　对图层进行重命名

9. 合并图层

图层太多会影响操作的快捷，因此对于一些操作已完成或不需要再进行修改的图层，可以把它们进行合并以减少图层的数量。合并图层可执行菜单上"图层"命令，还可以在"图层"面板下拉菜单上进行：按【Ctrl＋E】键向下合并，可以将当前选中图层与下一层合并；按【Ctrl＋Shift＋E】键合并可见图层，可以合并显示状态的图层。这样图层数量减少，便于管理。

10. 使用图层组

在制作过程中有时候用到的图层数会很多，导致即使关闭缩览图，"图层"面板也会拉得很长，使得查找图层很不方便。如果使用图层组来组织和管理图层，就可以使"图层"面板中的图层结构更加清晰，也便于查找需要的图层。图层组就是将多个层归为一个组，这个组可以在不需要操作时折叠起来，无论组中有多少图层，折叠后只占用相当于一个图层的空间，并方便管理图层。

如果要移动图层到指定的组，只需在"图层"面板上拖曳图层到图层组上或图层组内任何一个位置即可。将图层组的图层拖出组外，即可将其从图层组中移出。

11. 图层混合模式

在图层混合模式下拉列表中可以选择一种图层混合模式，使当前图层与下面的图层产生混合，从而产生不同的图像效果。

（1）组合型模式。

1）正常模式。默认混合模式。

2）溶解模式。通过设置该模式并降低图层的不透明度，可以使半透明区域上的像素离散，产生点状颗粒。

组合型模式的效果如图 8-10 所示。

 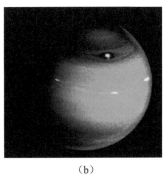 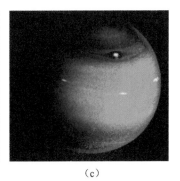

　　　（a）　　　　　　　　　　（b）　　　　　　　　　　（c）

图 8-10　组合型模式

（a）原图像图层关系；（b）正常模式；（c）溶解模式

（2）加深型模式。

1）变暗模式。当前图层中较亮的像素会被下面图层较暗的像素替换。

2）正片叠底模式。当前图层中的像素与下面图层的白色混合保持不变，与下面图层黑色混合时则被其替换掉，混合结果通常会使图像变暗。

3）颜色加深模式。该模式可以通过增加对比度来加强深色区域，下面图层的白色保持不变。

4）线性加深模式。该模式可以通过减小亮度使像素变暗，与正片叠底的模式相似，但可以保留下面图层的更多细节。

5）深色模式。比较两个图层的所有通道值的总和并显示较小值的颜色，不会生成第三种颜色。

加深型模式的效果如图 8-11 所示。

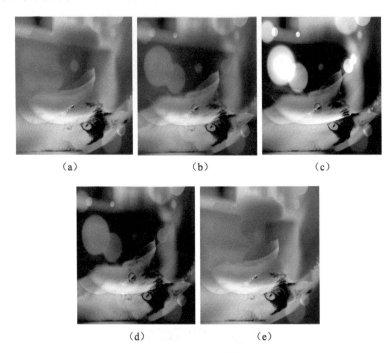

（a） （b） （c）

（d） （e）

图 8-11　加深型模式

（a）变暗；（b）正片叠底；（c）颜色加深；（d）线性加深；（e）深色

（3）减淡型模式。

1）变亮模式。与变暗模式的效果相反，当前图层中较亮的像素会替代图层下面较暗的像素，而较暗的像素则被下面图层较亮的像素替换。

2）滤色模式。该模式可以使图像产生漂白效果，类似于多个摄影幻灯片在彼此之上的投影。

3）颜色减淡模式。与颜色加深模式的效果相反，该模式可以通过增加亮度来减淡颜色，亮化效果强烈。

4）线性减淡（添加）。查看每个通道中的颜色信息，并通过增加亮度使基色变亮以反映混合色。

5）浅色模式。比较两个图层的所有通道值的总和并显示较大值的颜色，不会生成第三种颜色。

减淡型模式的效果如图 8-12 所示。

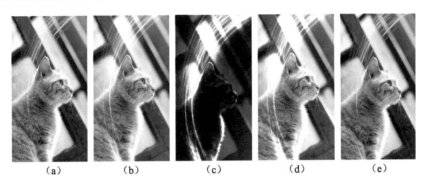

图 8-12　减淡型模式

(a) 变亮；(b) 滤色；(c) 颜色减淡；(d) 线性减淡（添加）；(e) 浅色

（4）对比型模式。

1）叠加模式。该模式可以增强图像的颜色，并保持下面的图层图像的高光和暗调。

2）柔光模式。当前图层中的颜色决定了图像变亮或变暗。若当前图层中的像素比 50％灰色亮，则图像变亮；若当前图层中的像素比 50％灰色暗，则图像变暗。

3）强光模式。若当前图层中的像素比 50％灰色亮，则图像变亮；若当前图层中的像素比 50％灰色暗，则图像变暗。

4）亮光模式。若当前图层中的像素比 50％的灰色亮，可以通过增加亮度使图像变亮；若当前图层中的像素比 50％的灰色暗，可以通过减小亮度使图案变暗，可以使混合后的图像颜色更加饱和。

5）线性光模式。若当前图层中的像素比 50％的灰色亮，可以通过增加亮度使图像变亮；若当前图层中的像素比 50％的灰色暗，可以通过减小亮度使图案变暗，使图像产生更高的对比度。

6）点光模式。若当前图层中的像素比 50％的灰色亮，则替换暗的像素；若当前图层中的像素比 50％的灰色暗，则替换亮的像素，适合图像中增加特殊效果。

7）实色混合模式。该模式可以使图像产生色调分离效果。

对比型模式的效果如图 8-13 所示。

（5）比较型模式。

1）差值模式。该模式可以在当前图层的白色区域产生反相效果，黑色区域不会对下面图层产生影响。

2）排除模式。该模式可以创建图像对比度更低的混合效果。

3）减去模式。该模式可以从目标通道中相应的像素上减去源通道中的像素值。

4）划分模式。该模式可以查看每个通道中的颜色信息，从基色中划分混合色。

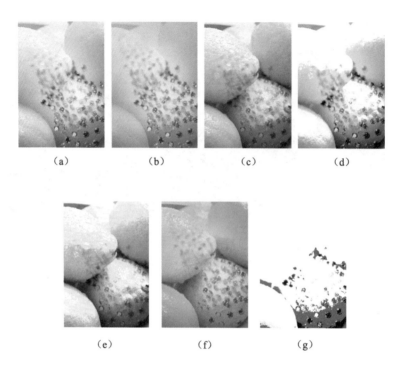

(a)　　　　(b)　　　　(c)　　　　(d)

(e)　　　　(f)　　　　(g)

图 8-13　对比型模式

（a）叠加；（b）柔光；（c）强光；（d）亮光；

（e）线性光；（f）点光；（g）实色混合

比较型模式的效果如图 8-14 所示。

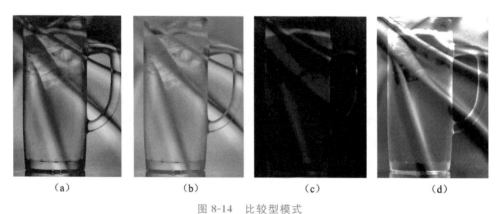

(a)　　　　　　(b)　　　　　　(c)　　　　　　(d)

图 8-14　比较型模式

（a）差值；（b）排除；（c）减去；（d）划分

（6）色彩型模式。

1）色相模式。该模式可以将当前的色相应用到下面图层图像的亮度和饱和度中，可以改变下面图层图像的色相，但不会影响亮度和饱和度，对于黑色、白色和灰色区域，该模式不起作用。

2）饱和度模式。该模式可以将当前图层中的饱和度应用到下面图层图像的亮度和色相中，可以改变下面图层的饱和度，但不会影响亮度和色相。

3）颜色模式。该模式可以将当前图层的色相与饱和度应用到下面图层的图像中，并保持图层中图像的亮度不变。

4）明度模式。该模式可以将当前图层的亮度应用到下面图层图像的颜色中，并改变该图像的亮度，但不会对其色相饱和度产生影响。

色彩型模式的效果如图 8-15 所示。

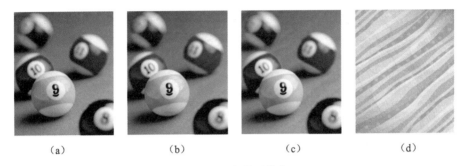

（a） （b） （c） （d）

图 8-15 色彩型模式

（a）色相；（b）饱和度；（c）颜色；（d）明度

二、任务解析：将花纹图案移到水杯上

▌要点提示

（1）使用"磁性套索工具"创建水杯的选区。

（2）把花纹图案贴入到选区中。

（3）使用"橡皮擦工具"把杂边清除。

▌任务步骤

（1）按【Ctrl＋O】键打开本项目"彩虹水杯 \ 水杯 .jpg"，按下【Ctrl＋J】键复制背景图层，接着使用"缩放工具"放大图片，再使用"磁性套索工具"沿着水杯边沿创建选区，如图 8-16 所示。

图 8-16 创建选区

（2）按下【Ctrl＋Alt＋D】快捷键，打开"羽化选区"对话框，设置羽化半径为"3像素"。

（3）打开素材"花纹"，并按下【Ctrl＋A】键进行全选，按下【Ctrl＋C】键进行复制。返回人物图片，然后执行"编辑"→"选择性粘贴"→"贴入"命令或按【Ctrl＋Shift＋V】键，把花纹图案贴入到选区中，如图 8-17 所示。

图 8-17　将花朵图案复制到水杯图片中

（4）按【Ctrl＋T】键，对花纹图层进行自由变换，然后选择"编辑"→"变换"→"变形"命令，根据杯子的形状调整彩虹图案的形状，调整完成后设置图层的混合模式为"线性加深"，如图 8-18 所示。

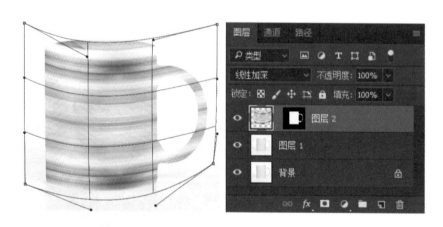

图 8-18　变换图层并设置图层混合模式

（5）使用"缩放工具"放大图片，可以看到杯口处有一些多余的部分，使用钢笔工具沿着杯口绘制形状，然后切换到"路径"面板，点击"路径"面板下方"将路径作为选区载入"按钮，使路径转化为选区，如图 8-19 所示。

图 8-19　在杯口处创建选区

（6）按【Shift＋F6】键或执行"选择"→"修改"→"羽化"命令，弹出"羽化选区"对话框，设置羽化半径为"3 像素"。完成后点击【Delete】键删除选区内图案，如图 8-20 所示。

图 8-20　删除杯口处多余图案

（7）图片还有一些不需要的杂边，可以使用"橡皮擦工具"把杂边清除，将最后完成的效果图保存文件为".psd"格式，将文件命名为"彩虹水杯"，最终效果如图 8-21 所示。

图 8-21　最终效果

任务二　认识图层样式

一、相关知识：应用及设置图层样式

为创建的任何对象应用效果都会增强图像的外观。因此，Photoshop 提供了不同的图层混合选项即图层样式，有助于为特定图层上的对象应用效果。图层样式是应用于一个图层或图层组的一种或多种效果。可以应用 Photoshop 附带提供的某一种预设样式，或者使用"图层样式"对话框来创建自定样式。

1. 应用图层样式

应用图层样式十分简单，可以为包括普通图层、文本图层和形状图层在内的任何种类的图层应用图层样式。

首先选中要添加样式的图层，然后单击"图层"面板上的"添加图层样式" ![fx] 按钮，即可打开"图层样式"对话框。从列表中选择图层样式，然后根据需要修改参数。如果需要，可以将修改保存为预设，以便日后需要时使用，如图 8-22 所示。

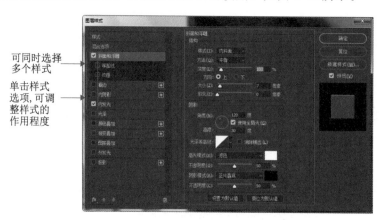

图 8-22　"图层样式"对话框

除了上述方法以外，还可以通过执行"图层"→"图层样式"命令打开，或者可以在"图层"面板上双击图层。

在使用了"图层样式"效果之后，在图层的右侧会出现一个符号 ![fx]，表示此图层已经应用了"图层样式"效果，如图 8-23 所示。

如果需要修改图层样式，只要在 ![fx] 符号或图层上双击，即可打开"图层样式"对话框进行编辑。另外，按下 ![fx] 符号右边的三角按钮，就会显示这个图层用到的图层样式效果，如图 8-24 所示。

图 8-23　应用了"图层样式"的图层　　　　图 8-24　显示使用的图层样式

2. 图层样式效果的设定

（1）斜面和浮雕。斜面和浮雕可以说是 Photoshop 图层样式中最复杂的，可以对图层添加高光和阴影的各种组合，使图像产生立体化效果，具体如图 8-25 所示。

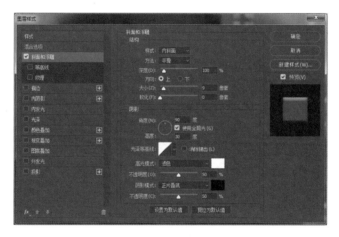

图 8-25　斜面和浮雕

斜面和浮雕包括外斜面、内斜面、浮雕、枕状浮雕和描边浮雕 5 种样式，虽然每一项中包含的设置选项都是一样的，但是制作出来的效果却大相径庭，如图 8-26 所示。

（a）　　　　（b）　　　　（c）　　　　（d）　　　　（e）

图 8-26　5 种样式效果

（a）外斜面；（b）内斜面；（c）浮雕效果；（d）枕状浮雕；（e）描边浮雕

（2）描边。描边效果是使用颜色、渐变颜色或图案描绘当前图层上的对象、文本或形状的轮廓，对于边缘清晰的形状（如文本），这种效果尤其有用，如图 8-27 所示。

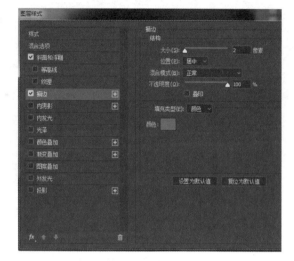

图 8-27　"描边"效果

（3）内阴影。内阴影效果将在对象、文本或形状的内边缘添加阴影，让图层产生一种凹陷外观，内阴影效果对文本对象效果更佳，如图 8-28 所示。

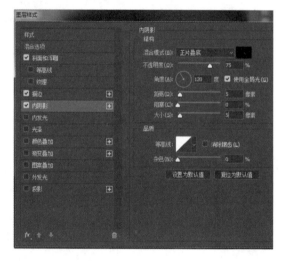

图 8-28　"内阴影"效果

（4）内发光。内发光效果将从图层对象、文本或形状的边缘向内添加发光效果，设置参数可以让对象、文本或形状更精美，如图 8-29 所示。

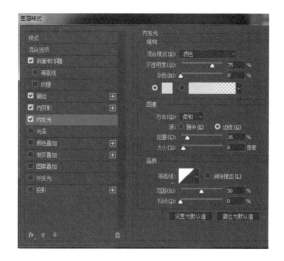

图 8-29 "内发光"效果

（5）外发光。外发光效果将从图层对象、文本或形状的边缘向外添加发光效果，其主要设置选项参照内发光。

（6）光泽。光泽效果将对图层对象内部应用阴影，与对象的形状互相作用，通常创建规则波浪形状，产生光滑的磨光及金属效果。

（7）投影。使用投影效果可以在当前图层内容后面添加阴影，使图像产生立体感效果，如图 8-30 所示。

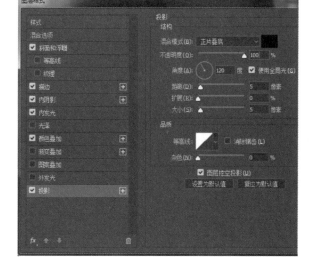

图 8-30 "投影"效果

（8）颜色叠加。使用颜色叠加效果，在图层对象上叠加一种颜色，即用一层纯色填充到应用样式的对象上。从"设置叠加颜色"选项可以通过"选取叠加颜色"对话框选择任意颜色。

（9）渐变叠加。使用渐变叠加效果，将在图层对象上叠加一种渐变颜色，即用一层渐变颜色填充到应用样式的对象上。通过"渐变编辑器"还可以选择使用其他的渐变颜色。

（10）图案叠加。使用图案叠加效果，将在图层对象上叠加图案，即用一致的重复图案填充对象。从"图案拾色器"对话框还可以选择其他的图案。

二、任务解析：设计玉坠

▌要点提示

（1）绘制心形图案，并转化为选区。

（2）给图形设置"斜面和浮雕"样式，使图案呈现高光效果。

（3）将云彩的图层模式改为"叠加"。

▌任务步骤

（1）按【Ctrl＋O】键打开本项目素材"制作玉坠＼底纹.jpg"。

（2）创建新空白图层。按【Ctrl＋R】键打开标尺，用移动工具拖出水平和垂直两条辅助线。选择"钢笔工具"绘制心形路径，用"椭圆选框工具"绘制一个正圆选区，然后选择"从选区减去" 选项，得到的图形如图 8-31 所示。

（3）将前景色设置为淡绿色（♯c7d2b4），填充选区，如图 8-32 所示。

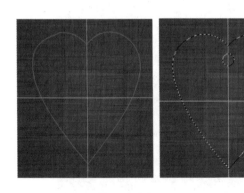

图 8-31　绘制路径和创建选区

图 8-32　填充颜色

（4）给圆环图层设置"斜面和浮雕""投影""内发光"样式，使圆环呈现高光效果，参数设置如图 8-33 所示。

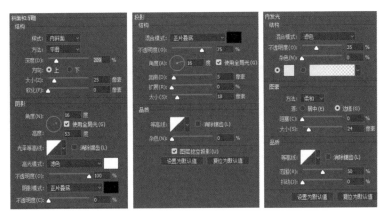

图 8-33　添加"斜面和浮雕""投影""内发光"效果

（5）添加效果之后的效果如图 8-34 所示。

（6）新建空白图层，将"前/背景色"设置为"绿色（＃106712）/白色"，填充图层为白色。执行"滤镜"→"渲染"→"云彩"命令，如图 8-35 所示。效果不满意时可多做几次"云彩"命令。

图 8-34　添加图层样式后效果

图 8-35　添加"云彩"滤镜

（7）将云彩的图层模式改为"叠加"，并按【Alt】键，把鼠标放在两个图层中间，建立剪切蒙版。一层效果不够时可将云彩图层复制一层，模式都为"叠加"，并将两个图层锁定，防止不小心错位。图像效果和图层样式如图 8-36 所示。

图 8-36　创建剪切蒙版

（8）将云彩移动到合适的位置，完成最终效果，如图 8-37 所示。保存文件为"．psd"格式，将文件命名为"玉坠"。

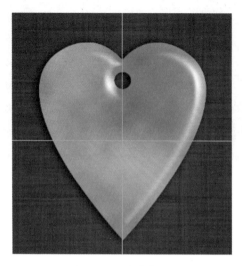

图 8-37　完成效果

任务三　认识图层蒙版

一、相关知识：蒙版

蒙版是用来保护被遮盖的区域，让被遮盖的区域不受任何编辑操作的影响。在 Photoshop 中，蒙版可分为图层蒙版、矢量蒙版、剪切蒙版 3 种，其中图层蒙版主要用来遮挡整个图层组或单个的图层，也可以对图层蒙版进行各种编辑操作；矢量蒙版主要用来遮挡当前路径以外的区域；剪切蒙版主要用来创建两个相邻图层之间的可视区域。

1. 图层蒙版

图层蒙版是一种基于图层的遮罩，可以使用此蒙版隐藏部分图层并显示下面的图层。图层蒙版是一项重要的复合技术，可以用于将多个图像组合成单个图像，也可以用于局部颜色和色调的校正。

（1）添加和编辑图层蒙版的方法。直接在"图层"面板下方单击"添加图层蒙版"按钮▣，即可对当前图层创建图层蒙版。单击"图层"面板中的图层蒙版缩略图将其激活，可以使用编辑工具或绘图工具在蒙版上进行编辑，如图 8-38 所示。蒙版上白色的区域可以显示图层中对应位置的图像；蒙版上黑色区域可以隐藏图层中对应位置的图像；蒙版上灰色部分的区域可以使对应位置的图像显示半透明效果。

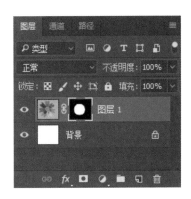

图 8-38　添加蒙版

（2）图层蒙版的停用和启用。当图层蒙版临时不用时，可以执行"图层"→"图层蒙版"→"停用"命令或按【Shift】键并在图层蒙版缩略图中点击即可停用图层蒙版，如图8-39 所示。再次在缩略图上单击鼠标左键或是执行"图层"→"图层蒙版"→"启用"命令，可启用蒙版。

图 8-39　停用图层蒙版

2. 矢量蒙版

矢量蒙版是通过形状控制图像显示区域的，它仅能作用于当前图层。矢量蒙版中创建的形状是矢量图，可以使用"钢笔工具"和"形状工具"对图形进行编辑修改，从而改变蒙版的遮罩区域，也可以对它任意缩放而不必担心产生锯齿。

在工具箱中选择"钢笔工具"或"形状工具"，选项栏中选择"路径"，在画布上绘制路径后，如图 8-40 所示；执行"图层"→"矢量蒙版"→"当前路径"命令添加矢量蒙版，如图 8-41 所示。

图 8-40　绘制路径

图 8-41　添加矢量蒙版

　　编辑矢量蒙版的方法与编辑路径类似，可以使用"直接选择工具""路径选择工具""转换点工具"对矢量路径进行编辑，从而改变蒙版的遮罩区域。

　　删除矢量蒙版时，可以直接将蒙版缩略图拖曳到"删除图层"按钮上或右击矢量蒙版，在弹出的快捷菜单中选择"删除图层蒙版"即可。

　　3. 剪切蒙版

　　剪切蒙版是使用上面图层的内容来蒙盖它下面的图层，底部或基底图层的透明像素蒙盖它上面的图层的内容。剪切蒙版和被蒙版的对象起初被称为剪切组合，并在"图层"面板中用虚线标出。可以从包含两个或多个对象的选区，或从一个组或图层中的所有对象来建立剪切组合。

　　建立剪切蒙版时，选中上方的图层，执行"图层"→"创建剪切蒙版"命令，或者在两个图层之间按住【Alt】键，当光标变化时，单击鼠标左键即可创建剪切蒙版，如图8-42所示。

图 8-42　创建剪切蒙版

二、任务解析：春天来啦

要点提示

（1）用"移动工具"将图片拖曳到"春天.jpg"素材中。

（2）按住【Alt＋Ctrl＋G】键，对"图层 1"创建剪切蒙版。

（3）对文字图层创建"斜面和浮雕""描边""投影"图层样式。

任务步骤

（1）打开本项目素材"春天.jpg"，从工具箱中选择"横排文字工具"，大小为 180点，任意颜色，在图像中输入"春天来啦"，如图 8-43 所示。

图 8-43　在素材中输入文字

（2）对文字图层创建"斜面和浮雕""描边""投影"图层样式，如图 8-44 所示。

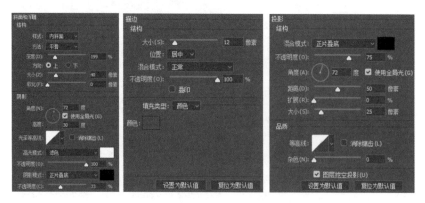

图 8-44　创建"斜面和浮雕""描边"和"投影"图层样式

（3）打开素材"花儿"，按【Ctrl＋A】键选中图片，用移动工具将图片拖曳到"春天"素材中，生成"图层 1"。按【Alt＋Ctrl＋G】键，对"图层 1"创建剪切蒙版，图层及图像效果如图 8-45 所示。

图 8-45　创建剪切蒙版

（4）为了文字填充效果更好，可以复制花儿图层，并与下层图层之间也建立剪切蒙版，效果如图 8-46 所示。

图 8-46　增加蒙版后的效果

（5）打开素材中的蝴蝶图案，将蝴蝶复制到图案中增加点缀效果，如图 8-47 所示，制作完成。将文件保存为".psd"格式，命名为"春天来啦"。

图 8-47　完成效果

课后练习

☞　**填空题**

1. 普通图层包括_____和_____，它是最基本和最常见的图层。

2. 在处理多个图层中的内容时，可以使用_____图层按钮，方便快捷地对链接的多个图层同时进行移动、缩放、旋转或创建剪切蒙版等操作。

3. 应用图层样式包括_____、文本图层和_____在内的任何种类的图层应用图层样式。

☞　**单选题**

1. 下列哪一种图层永远位于其他图层的最下层？（　　　）

　　A. 文字图层　　　　　B. 背景图层　　　　　C. 调整图层　　　　　D. 蒙版图层

2. 执行"图层"面板功能表中的哪一项命令，可以将工作中的图层与其下一层图层合并？（　　　）

　　A. 向下合并图层　　　B. 合并可见图层　　　C. 拼合图像　　　D. 添加图层样式

3. 下列哪一种图层操作可以制作出具有立体效果的图像画面（例如阴影、浮雕效果）？（　　　）

　　A. 合并可见图层　　　B. 图层样式　　　　　C. 图层蒙版　　　　　D. 拼合图像

☞ **简答题**

1. 简述什么是图层样式。

2. 简述图层蒙版的作用。

☞ **操作题**

结合本项目学习的知识点，对图 8-48（a）进行编辑，达到图 8-48（b）的效果。

（a）　　　　　　　　　　　　　（b）

图 8-48　制作雨后荷叶

（a）素材"荷叶"；（b）"雨后荷叶"完成效果

操作提示：

（1）复制背景图层，创建椭圆选区，并把选区复制到新图层中。

（2）对复制出的椭圆图层添加"投影"和"内阴影"效果。

（3）用"钢笔工具"绘制露珠上高光的形状，转换成选区，并建立新的空白图层，选择渐变工具，设置颜色为"白色—透明"，在选区里进行颜色填充。

（4）复制一层"高光"，旋转到对面，形成另一道光亮效果。

（5）调整"水珠"的透明度，使效果更加逼真，并将水珠的图层再复制一层，形成另一滴水珠效果。

项目 九

色彩的调整

1. 掌握调整图像色彩。
2. 掌握色相/饱和度、色彩平衡、曲线命令。
3. 掌握图像灰度的基本知识。

任务一　图像色彩调整

一、相关知识：图像色彩

1. 调整图像色彩

图像的色彩在图像处理过程中起着重要的作用。色彩调整主要是对图像的色相、亮度、对比度和饱和度进行调整或校正，可以处理照片曝光过度或光线不足的问题，改善老照片效果为黑白图像上色等。

Photoshop CC 2018 提供了完善的色调和色彩调整功能，这些功能不但存在于"图像"菜单中，而且存放在"图层"面板中。使用这些功能可以让画面层次丰富，色彩感突出，主体更加突出。

（1）自动对比度。"自动对比度"命令可以让系统自动调整图像亮部和暗部的对比度。其原理是将图像中最暗的像素变成黑色，最亮的像素变成白色，从而使看上去较暗的部分变得更暗，较亮部分变得更亮，如图 9-1 所示。

图 9-1　"自动对比度"对比效果

　　（2）自动色调。使用"自动色调"命令调整图像，可以增强图像的对比度。在像素值平均分布并且需要以简单方式增加对比度的特定图像中，该命令可以提供较好的结果，如图 9-2 所示。

　　（3）自动颜色。"自动颜色"命令可以让系统自动对图像颜色校正，如果图像有色偏或者饱和度过高，均可以使用该命令进行自动调整，如图 9-3 所示。

图 9-2　"自动色调"对比效果　　　　　　图 9-3　"自动颜色"对比效果

　　2. 图像色彩特殊调整

　　（1）反相。反相即为图像的颜色色相反转。使用"反相"命令可以将像素的颜色变为它们的互补色，如黑变白，白变黑等。该命令是唯一图像色彩信息的调整命令。执行"图像"→"调整"→"反相"命令或者按【Ctrl＋I】键，如图 9-4 所示。

图 9-4　"反相"对比效果

（2）阈值。阈值是一个转换临界点，不管图片是什么样的彩色，它最终都会把图片当黑白图片处理，也就是说设定了一个阈值之后，它会以此值作标准，凡是比该值大的颜色就会转换成白色，低于该值的颜色就转换成黑色，最终得到一张黑白的图片。黑白像素的分配由"阈值"对话框中的"阈值色阶"值来指定，执行"图像"→"调整"→"阈值"命令，弹出"阈值"对话框如图 9-5 所示。设置阈值后的效果如图 9-6 所示。

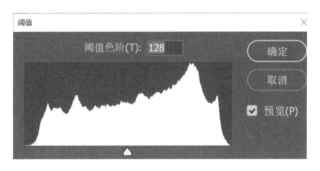

图 9-5　"阈值"对话框

图 9-6　阈值效果图

（3）色调均化。"色调均化"命令可以重新分配图像像素的亮度值，以便更平均地分布整个图像的亮度色调，如图 9-7 所示。先选择色调均化的内容，如图层、通道、选区范围或整个图像，然后执行"图像"→"调整"→"色调均化"命令设置即可。

图 9-7　"色调均化"对比效果

（4）色调分离。"色调分离"命令可以让用户指定图像中每个通道的色调级的数目，将这些像素映射为最接近的匹配色调。执行"图像"→"调整"→"色调分离"命令设置

即可。"色阶"值越小，图像色彩变化越大；"色阶"值越大，图像色彩变化越小，如图9-8所示。

图9-8 "色调分离"对比效果

3. 自定义调整色彩

（1）曲线。曲线的作用：可以调节全体或单独通道的对比度，可以调节任意局部的亮度和色调，可以调节颜色。RGB曲线调整的核心其实就是对原图亮度的变换。曲线的横轴是原图的亮度分布，从左到右依次是 0 值纯黑，1～254 的中间灰色值，以及最右边 255 的纯白最亮值。横轴上叠加着一个直方图，显示出原图各个亮度上，分别存在着多少像素。曲线的纵轴是目标图（调整后）的亮度，从下到上依次是 0～255 的亮度值。当中的那根线就是所需要的"曲线"。当在曲线上任意取一个点，它的"输入值"就是它横轴对应的值，即原图中的亮度，它的"输出值"就是它纵轴中的数值，也就是调整后它的亮度值。执行"图像"→"调整"→"曲线"命令，或按【Ctrl＋M】键，打开"曲线"对话框，如图9-9所示。如图 9-10 和图 9-11 所示分别为复合通道调整曲线效果对比和红通道的调整曲线效果对比。

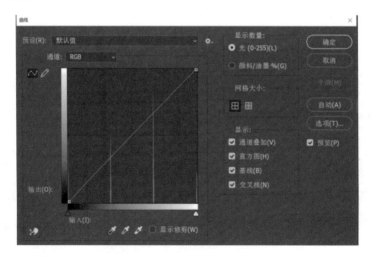

图9-9 "曲线"对话框

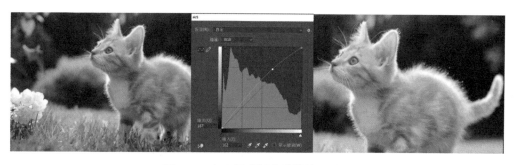

图 9-10　复合通道调整曲线效果对比

图 9-11　红通道的调整曲线效果对比

（2）亮度/对比度。如果图像太暗或有些模糊，则可以使用"亮度/对比度"命令来增加图像的清晰度，与"色阶"及"曲线"的调整大同小异，其效果如图 9-12 所示。

图 9-12　"亮度/对比度"对比效果

（3）色阶。使用"色阶"命令可以调整图像的阴影、中间调和高光的强度级别，从而校正图像的色调范围和色彩平衡。执行"图像"→"调整"→"色阶"命令，或按【Ctrl＋L】键，将弹出"色阶"对话框，如图 9-13 所示。"色阶"调整对比效果如图 9-14 所示。

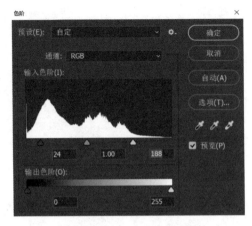

图 9-13 "色阶"对话框

图 9-14 "色阶"调整对比效果

（4）色相/饱和度。"色相/饱和度"可以调整图像中特定颜色的色相、饱和度和亮度，或者同时调整图像中的所有颜色。可用于灰度图像的色彩渲染，也可以为整幅图像或图像的某个区域转换颜色。

执行"图像"→"调整"→"色相/饱和度"命令，或按【Ctrl＋U】键，将弹出"色相/饱和度"对话框，设置后的效果如图 9-15 所示。

原图   效果图

图 9-15 色相/饱和度调整对比效果

1）"全图"可以一次调整所有颜色，为要调整的颜色选取列出的其他一个预设颜色范围。

2）对于"色相"，输入一个值或拖移滑块，直至对颜色满意为止。

3）对于"饱和度"，输入一个值，或将滑块向右拖移增加饱和度，向左拖移减少饱和度。

4）对于"明度"，输入一个值，或者向右拖动滑块以增加亮度（向颜色中增加白色）或向左拖动以降低亮度（向颜色中增加黑色）。值的范围可以是－100（黑色的百分比）到＋100（白色的百分比）。

（5）色彩平衡。"色彩平衡"的主要功能是调整图像色彩失衡或是偏色的问题，可用来控制图像的颜色分布，使图像整体的色彩平衡。简单来说，色彩平衡是利用渐进的调整方式改变图像色彩，与色相/饱和度直接改变颜色的方式是不一样的。执行色彩平衡开启色彩平衡面板后试着调整青-红的平衡轴，在调整的过程中会发现画面中每一个颜色会按照调整的青色-红色的结果而增加红色或青色，再试着调整黄色与蓝，画面中的色彩都是依照黄色与蓝色的增减作改变。

执行"图像"→"调整"→"色彩平衡"命令，或按【Ctrl＋B】键，将弹出"色彩平衡"对话框，如图 9-16 所示。

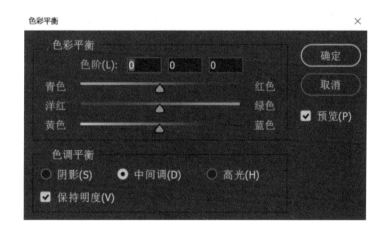

图 9-16　"色彩平衡"对话框

（6）可选颜色。"可选颜色"的功能是对选定色通过增减 CMYK 四色油墨来改变颜色，而不影响选定色以外的其他颜色。

执行"图像"→"调整"→"可选颜色"命令，弹出"可选颜色"对话框。在该选项"颜色"的下拉列表中可以有针对性地选择红色、黄色、绿色、青色、蓝色、洋红、白色、中性色和黑色进行设置，如图 9-17 所示。

图 9-17 可选颜色调整效果

（7）阴影/高光。"阴影/高光"的作用，就是针对照片中的亮的部分和暗的部分进行分别调整，让亮的地方暗下来，暗的区域亮起来，不会形成明显的明暗反差，使照片层次过度分明。阴影/高光适应于校正由强逆光而形成剪影的照片，也可以校正由于太接近相机闪光灯而有些发白的焦点。执行"图像"→"调整"→"阴影/高光"命令，在打开的"阴影/高光"对话框中设置即可，其效果如图 9-18 所示。

图 9-18 阴影/高光调整对比效果

（8）照片滤镜。"照片滤镜"在相机镜头前面加彩色滤镜，以便调整通过镜头传输的光的色彩平衡和色温，使胶片曝光。如果要应用自定颜色调整，则使用拾色器来指定颜色（即自定义滤镜颜色）。执行"图像"→"调整"→"照片滤镜"命令，在打开的"照片滤镜"对话框中设置即可，其效果如图 9-19 所示。

图 9-19 照片滤镜调整对比效果

（9）渐变映射。"渐变映射"的主要功能是将预设的渐变色作用于图像。将要处理的图像作为当前图像，执行"图像"→"调整"→"渐变映射"命令，弹出"渐变映射"对话框，在其中设置即可，如图 9-20 所示。

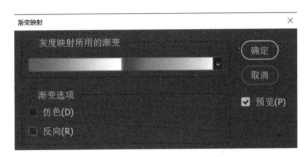

图 9-20 "渐变映射"对话框

二、任务解析：街景图片转变成卡通风格图片

要点提示

（1）阴影/高光；

（2）盖印图层；

（3）曲线调整；

（4）渐变填充；

（5）滤镜库使用。

任务步骤

（1）打开需要处理的街景图片，按【Ctrl+J】键复制图层，如图 9-21 所示。

图 9-21 复制图层

（2）选择"滤镜"→"风格化"→"扩散"命令，在打开的"扩散"对话框中选择"各向异性"选项，如图 9-22 所示。

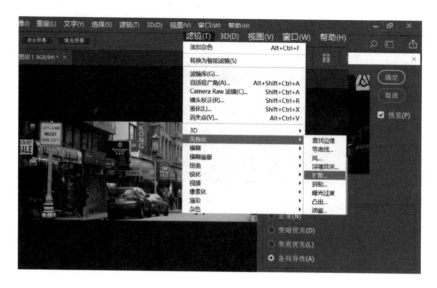

图 9-22　设置滤镜

（3）按【Alt＋Ctrl＋F】键执行滤镜效果四次，如图 9-23 所示。

图 9-23　执行风格化滤镜

（4）执行"图像"→"调整"→"阴影/高光"命令，将阴影设为 35，高光设为 50，如图 9-24 所示。

图 9-24　调整阴影/高光

（5）点击创建新的填充或调整图层，给图片加渐变色，样式为线性，角度为 90 度，渐变色如图 9-25 所示。

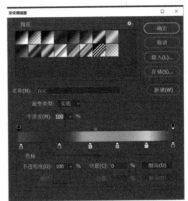
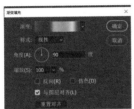

图 9-25　设置渐变填充

（6）按【Ctrl＋Alt＋Shift＋E】键盖章图层，打开滤镜库，选择"艺术效果"→"绘画涂抹"命令，画笔大小为 3，锐化程度为 3，画笔类型为宽锐化，如图 9-26 所示。

图 9-26　设置画笔涂抹

（7）点击右下角的新建效果图层，再执行"艺术效果"→"海报边缘"命令，将边缘变暗并创建最终的卡通效果同，海报化为 3，边缘厚度和边缘强度为 0，如图 9-27 所示。

图 9-27　设置海报边缘

（8）对画面进行整体调整，点击创建新的填充或调整图层选曲线，使亮部更亮些，适当降低些暗部，如图 9-28 所示。

图 9-28　调整曲线

（9）选择"色彩平衡"选项进行调整，对中间调和高光部分分别进行调整，参数设置如图 9-29 所示。

图 9-29　调整色彩平衡

（10）最终效果如图 9-30 所示。

图 9-30　最终效果

任务二 认识图像灰度

一、相关知识："黑白"与"去色"

1. 黑白

"黑白"命令也可以将彩色图像转换为灰度图像，但该命令提供了选项，可以同时保持对各颜色转换方式的完全控制。执行"图像"→"调整"→"黑白"命令，弹出"黑白"对话框，在其中设置即可，效果如图 9-31 所示。

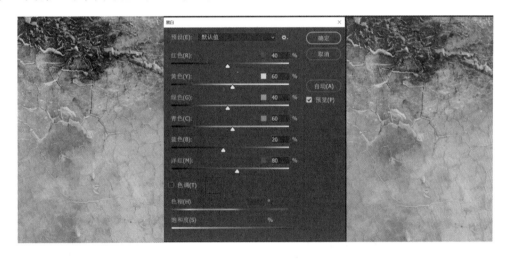

图 9-31 黑白调整效果对比

2. 去色

"去色"命令主要是去除图像中的饱和色彩，从而将图像转换为灰度图像。执行"图像"→"调整"→"去色"命令，或按【Shift＋Ctrl＋U】键，图像将转换为灰度效果，如图 9-32 所示。

图 9-32 去色效果对比

二、任务解析：制作老照片

要点提示

（1）添加色相/饱和度调整图层，调整它的饱和度和明度。

（2）添加曝光度调整图层，并调整饱和度和曝光度。

（3）将图层的混合模式设置为"叠加"，并将不透明度设置为70％。

（4）将杂色图层的混合模式设置为"颜色减淡"。

任务步骤

（1）打开需要处理的图片，按【Ctrl＋J】键复制图片，得到图层1，如图9-33所示。

（2）单击"图层"面板底部的"创建新的填充或调整图层"图标，创建色相/饱和度调整图层，调整它的饱和度和明度，参数设置如图9-34所示。

图 9-33　复制图层

图 9-34　调整色相/饱和度

（3）单击"图层"面板底部的"创建新的填充或调整图层"图标，创建曝光度调整图层，调整曝光度为"－0.88"，灰度系统校正为"0.97"，如图9-35所示。

图 9-35 曝光度调整

（4）打开纹理 1 图片复制到所有图层之上，将图层的"混合模式"设置为"叠加"，并将"不透明度"设置为"70％"，如图 9-36 所示。

图 9-36 设置图层模式

（5）新建图层，用白色填充图层，执行"滤镜"→"杂色"→"添加杂色"命令，在打开的"添加杂色"对话框中将杂色"数量"设置为"160（％）"，如图 9-37 所示。

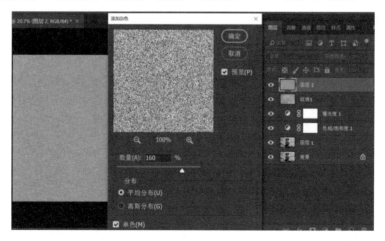

图 9-37 添加杂色

（6）将杂色图层的"混合模式"设置为"颜色减淡"，并将"不透明度"设置为
"15％"，如图 9-38 所示。

图 9-38　设置图层混合模式

（7）打开"纹理 2"图片，放在所有图层上面，把图层的"混合模式"改成"滤色"，
"不透明度"设置为"70％"，如图 9-39 所示。

图 9-39　添加纹理 2

（8）为了使旧照片的效果更好，再添加一张"纹理 3"图片，图层的"混合模式"改
成"滤色"，"不透明度"设置为"85％"，如图 9-40 所示。

图 9-40　添加纹理 3

（9）单击"图层"面板底部的创建"新的填充或调整图层"图标，添加曝光度调整图层，调整它的位置，参数设置如图 9-41 所示。

图 9-41　设置曝光度

（10）完成上述操作，得到老照片最终的效果图，如图 9-42 所示。

图 9-42　最终效果

▰ 课后练习

☞ **填空题**

1. 色彩调整主要是对图像的_____、亮度、_____和饱和度进行调整或校正。

2. 使用"_____"命令可以将像素的颜色改变为他们的互补色，如黑变白，白变黑等。

3. "去色"命令主要是去除图像中的饱和色彩，从而将图像转换为_____图像。

☞ **单选题**

1. 下面的命令中,(   )可以进行图像色彩调整。

   A. "色阶"命令　　　　　　　　　　　B. "海绵"命令

   C. "变化"命令　　　　　　　　　　　D. "模糊"命令

2. 对调整的颜色感到满意时,应如何操作使调整立即生效?(   )

   A. 点击"好"按钮　　　　　　　　　　B. 点击保存,并把结果保存到指定位置

   C. 直接关闭对话框　　　　　　　　　D. 以上都不对

3. 反选快捷键是(   )。

   A. Ctrl+I　　　　　　　　　　　　　B. Ctrl+Shift+I

   C. Ctrl+D　　　　　　　　　　　　　D. Ctrl+Shift+D

4. "色相/饱和度"命令的快捷键是(   )。

   A. Ctrl+L　　　　B. Ctrl+M　　　　C. Ctrl+B　　　　D. Ctrl+U

☞ **简答题**

1. 通常对图像色彩需要进行哪些特殊调整?

2. 曲线的作用是什么?

☞ **操作题**

结合本项目学习的知识点,对图 9-43 进行编辑,达到图 9-44 的效果。

图 9-43　素材　　　　　　　　　　　　　　图 9-44　最终效果

操作提示:

(1) 使用"魔棒工具"抠图。

(2) 使用"色相/饱和度"命令。

(3) 使用"亮度/对比度"命令。

(4) 图层样式设置为外发光。

项目 十

通道与动作

学习目标

1. 掌握通道的编辑及应用。

2. 了解动作的录制与执行。

3. 了解自动批处理操作。

任务一 通道的应用

一、相关知识：通道

美国人称"通道是核心，蒙版是灵魂"，可以看出通道在 Photoshop 中的应用，只有理解并能灵活运用 Photoshop 的核心——通道，才能向高手的境界前进。

通道是用来存储图像的颜色信息、选区和蒙版的。在通道中，以白色代替透明表示要处理的部分（选择区域）；以黑色表示不需处理的部分（非选择区域）。通道在依附其他图像存在时，才能体现其功用。通道最大的优越之处在于通道可以完全由计算机来进行处理，也就是说，它完全是数字化的。

1. "通道"面板

在 Photoshop 中可以通过"通道"面板来创建、保存和管理通道。执行"窗口"→"通道"命令，可调出"通道"面板。通过该面板可以完成新建通道、删除、复制、合并以及拆分通道等操作。

"通道"面板显示如图 10-1 所示。

（1）眼睛图标。用于显示或隐藏当前通道。

（2）通道缩览图。在通道名称左侧有一个缩览图，其中显示该通道的内容，从中可以迅速识别每一个通道。

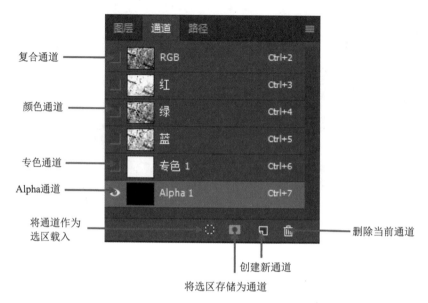

图 10-1　"通道"面板

（3）当前通道。选中某一通道后，则浅灰颜色显示这一通道。此时图像中只显示这一通道的整体效果。

（4）将通道作为选区载入。单击此按钮，可将当前作用通道中的内容转换为选取范围。

（5）将选区存储为通道。单击此按钮，可将当前图像中的选取范围转换为一个蒙版，保存到一个新增的 Alpha 通道中。该功能与执行"选择"→"存储选区"命令相同，只不过更加快捷而已。

（6）创建新通道。单击此按钮，可以快速新建 Alpha 通道。

（7）删除当前通道。单击此按钮，可以删除当前通道。主通道不可以删除。

2. 通道的功能

（1）可建立精确的选区。

（2）可以存储选区和载入选区备用。

（3）可以制作其他软件（比如 Illustrator，Pagemaker）需要导入的"透明背景图片"。

（4）可以看到精确的图像颜色信息，有利于调整图像颜色。利用"信息"面板可以体会到这一点，不同的通道都可以用 256 级灰度来表示不同的亮度。

（5）印刷出版方便传输、制版。比如 CMYK 的图像文件可以把其四个通道拆开分别保存成四个黑白文件，而后同时打开它们，按 CMYK 的顺序再放到通道中，就又可恢复成 CMYK 色彩的原文件。

3. 通道的分类

（1）颜色通道。用于保存图像的颜色数据。

1）在 RGB 模式的图像中，每一个像素的颜色数据由红、绿、蓝三个通道记录，这三个色彩通道组合定义后合成了一个 RGB 主通道。当改变红、绿、蓝三个通道之一的颜色数据时，都会马上反映到 RGB 主通道中。

2）在 CMYK 模式的图像中，颜色数据则分别由青色、洋红色、黄色、黑色四个单独的通道组合成一个 CMYK 的主通道。四个通道相当于四色印刷中的四色胶片，即 CMYK 图像在彩色输出时可以进行分色打印。在印刷时将这 4 张胶片叠合，可印刷出色彩斑斓的彩色图像。

两种模式通道如图 10-2 所示。

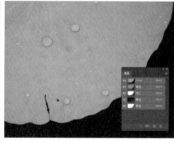

图 10-2　RGB 模式通道和 CMYK 模式通道

（2）Alpha 通道。用于保存蒙版（选取范围）。Alpha 通道是用来保存编辑选区的，特指透明信息，但通常的意思是"非彩色"通道。在 Photoshop 中制作出的各种特殊效果都离不开 Alpha 通道，它最基本的用处在于保存选取范围，并不会影响图像的显示和印刷效果。它具有以下属性：每个图像（16 位图像除外）最多可包含 24 个通道，包括所有颜色通道和 Alpha 通道。所有通道具有 8 位灰度图像，可显示 256 级灰阶。可以随时增加或删除 Alpha 通道，可为每个通道指定名称、颜色、蒙版选项，不透明度影响通道的预览，但不影响原来的图像。所有的新通道都具有与原图像相同的尺寸和像素数目，使用工具可编辑它。将选区存储在 Alpha 通道中可使选区永久保留，可在以后随时调用，也可用于其他图像中，即将一个选取范围保存后，成为一个蒙版保存在一个新增的通道中，如图 10-3 所示。

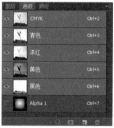

图 10-3　通过 Alpha 通道显示的图像

（3）专色通道。用于出版印刷。专色通道是一种特殊的颜色通道，它可以使用除了青色、洋红（有人叫品红）、黄色、黑色以外的颜色来绘制图像。专色通道一般用得较少且

多与打印相关。

4. 通道的其他操作

（1）重命名通道。如果需要对通道进行重命名操作，只需用鼠标双击相应通道的名称，在显示的文本框中输入通道的新名称即可，但是复合通道和颜色通道不能进行重命名操作。

（2）复制通道。将需要复制的通道用鼠标左键拖曳到"创建新通道"按钮上，释放鼠标即可复制通道。

（3）将通道载入选区。通过通道载入图像的选区有以下四种方法：

1）按住【Ctrl】键，并鼠标单击相应的通道，可快速载入该通道的选区。

2）按住【Shift＋Ctrl】键，并鼠标单击通道，可将载入的选区添加到已有选区中。

3）按住【Alt＋Ctrl】键，并鼠标单击通道，可将载入的选区从已有选区中减去。

4）按住【Alt＋Shift＋Ctrl】键，并鼠标单击通道，可将载入的选区与当前的选区相交。

二、任务解析：火焰抠取、墙上粉笔字和金属效果字

▎要点提示

（1）将三个图层的"混合模式"改为"滤色"，然后在右侧缩略图按住【Ctrl】键点击三个图层，并单击右键选择合并图层。

（2）点击"通道"面板，将"蓝"通道拖动到"创建新通道"按钮上复制，得到"蓝拷贝"通道。

▎任务步骤

1. 抠取火焰

（1）打开本项目素材"火焰抠取 \ 火焰 . jpg"，将图层复制一层，如图 10-4 所示。

图 10-4　复制背景图层

（2）点击"通道"面板，选中红通道，将其他通道隐藏，然后按住【Ctrl】键并用鼠标点击红通道缩略图，这时会把红通道中的白色区域作为选区，如图10-5所示。

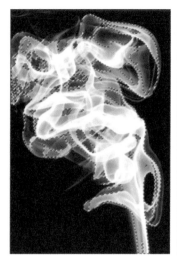

图 10-5　通过通道获得颜色选区

（3）回到"图层"面板，新建一个空白图层，在空白图层内选择红色（R＝255，G＝0，B＝0），然后填充，将会看到如图10-6所示的效果。

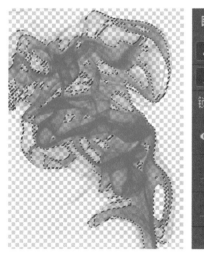

图 10-6　在"图层"面板中将选区填充红色

（4）新建空白图层，这时将空白图层和填充过红色的图层都隐藏，如图10-7所示。然后选择背景图层，进入"通道"面板。

（5）选择绿通道，执行与刚才红通道相同的操作。完成后，在蓝通道执行相同操作，如图10-8所示。

图 10-7　新建图层

图 10-8　按照同样方法获得绿色和蓝色图层

（6）将三个图层的混合模式改为滤色，然后在右侧缩略图按住【Ctrl】键点击三个图层，右键选择合并图层，再将其他图层隐藏就能看到效果了。然后将合并后的图层拖放到另一张图片中看一下效果。这样火焰就完美地抠取出来了，如图 10-9 所示。

（7）将文件保存为".psd"格式，命名为"火焰抠取"。

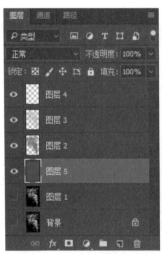

图 10-9　换背景颜色查看火焰抠取效果

2. 墙上粉笔字

（1）按【Ctrl＋O】键打开素材"砖墙.jpg"，通过执行"窗口"→"通道"命令打开"通道"面板，复制蓝色通道为"蓝拷贝"，如图 10-10 所示。

图 10-10 打开素材、复制"蓝"通道

（2）选中"蓝拷贝"通道，然后执行"图像"→"调整"→"阈值"命令，将阈值设置为 125（阈值的大小不唯一，墙和线比较黑白分明就可以了），如图 10-11 所示。

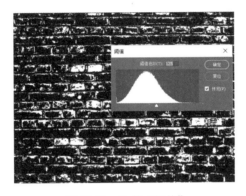

图 10-11 调整"阈值"

（3）点击切换到 RGB 通道，回到图层面板上来，然后用文字工具输入文字"你好，朋友"，文字颜色填充白色，再用文字工具选中文字，调整文字的大小，如图 10-12 所示。

图 10-12 输入文字

（4）回到"通道"面板上选择"蓝拷贝"通道，执行"选择"→"载入选区"命令，

然后切换到 RGB 通道，回到"图层"面板上来，将文字图层栅格化，再按【Delete】键删除选区部分使文字出现斑驳效果，再按【Ctrl＋D】键取消选区，这样，刷墙字就制作出来了。最终效果如图 10-13 所示。

图 10-13 最终效果

（5）将文件保存为"PSD"格式，命名为"墙上粉笔字.psd"。

3. 金属效果字——光辉永存

（1）按【Ctrl＋N】键新建空白文件，文件大小为 16 cm×12 cm。新建图层，按【Ctrl＋A】键创建选区，填充由中心到边缘"灰色→黑色"的径向渐变，如图 10-14 所示。

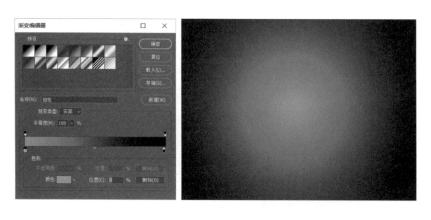

图 10-14 填充径向渐变

（2）使用"横排文字工具"在画布中输入文字"光辉永存"，文字大小为 100 点，文字颜色为白色，如图 10-15 所示。

（3）按【Ctrl】键并用鼠标单击文字图层缩览图，将文字载入选区，然后执行"选择"→"修改"→"扩展"命令，将文字选区扩展 7 像素，如图 10-16 所示。

图 10-15 输入文字　　　　　　　　　图 10-16 扩展文字选区

（4）选择文字图层，右键将文字图层栅格化后将选区填充为白色，然后保持选区，打开"通道"面板，新建 Alpha 通道，设置前景色为白色，将文字选区填充为白色，如图 10-17 所示。

图 10-17 创建 Alpha 通道，填充文字颜色

（5）执行"滤镜"→"模糊"→"高斯模糊"命令，设置模糊半径为 6 像素，如图 10-18所示。

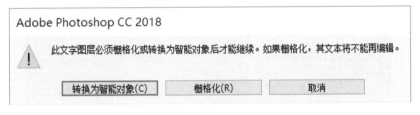

图 10-18 高斯模糊

（6）切换到"图层"面板，鼠标单击文字图层。执行"滤镜"→"渲染"→"光照效果"命令，弹出"栅格化"对话框，点击"栅格化"按钮，将文字栅格化，如图 10-19 所示。接着在弹出的光照效果属性面板中设置各参数，如图 10-20 所示，设置完毕后单击选项栏中的"确定"按钮。

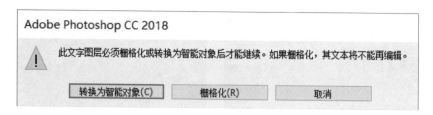

图 10-19　栅格化文字

图 10-20　设置"光照效果"

（7）选中文字图层，点击面板下方的 ◎ 按钮，选择"曲线"选项，创建曲线调整层，并按【Alt】键，将鼠标放置于曲线调整层和文字图层之间单击鼠标左键，在两个图层之间创建剪切蒙版。然后调整曲线属性，属性设置和文字效果如图 10-21 所示。

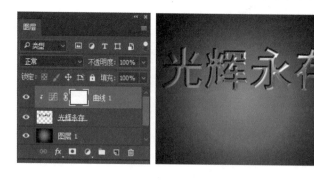

图 10-21　创建和设置"曲线"调整层

（8）用同样的方法创建"色相/饱和度"调整层，并在"色相/饱和度"图层和"曲线"调整层之间创建剪切蒙版。然后调整"色相/饱和度"属性。属性设置和文字效果如图 10-22 所示。

图 10-22 创建和设置"色相/饱和度"调整层

（9）合并顶端三个图层，将合并图层复制一个，并垂直翻转挪到文字底部，按图层蒙版下端按钮█添加蒙版并填充"白"→"黑"直线渐变，形成文字倒影效果，如图 10-23 所示。

图 10-23 创建文字倒影效果

（10）将文件保存为".psd"格式，命名为"光辉永存.psd"。

任务二 了解动作

一、相关知识：动作

动作是一个命令序列，用来记录 Photoshop 的操作步骤，从而便于再次回放，以提高工作效率和标准化操作流程。该功能支持记录针对单个文件或一批文件的操作过程，用户不但可以把一些经常进行的"机械化"操作录成动作来提高工作效率，而且可以把一些颇具创意的操作过程记录下来并提供给大家分享。

1. 动作面板

执行"窗口"→"动作"命令可调出"动作"面板，也可按【Alt＋F9】键调出该面板，如图 10-24 所示。

"动作"面板的各项含义：

（1）动作组。类似文件夹，用来组织一个或多个动作。

（2）动作。一般会起比较容易记忆的名字，点击名字左侧的小三角可展开该动作。

（3）动作步骤。动作中每一个单独的操作步骤，展开后会出现相应的参数细节。

（4）切换项目开/关。黑色对勾代表该组、动作或步骤可用。而红色对勾代表不可用。

（5）切换对话开/关。如为黑色，那么在每个启动的对话框或者对应一个按回车键选择的步骤中都包括一个暂停。如为红色，代表这里至少有一个暂停等待输入的步骤。

（6）面板选项菜单。包含与动作相关的多个菜单项，提供更丰富的设置内容。

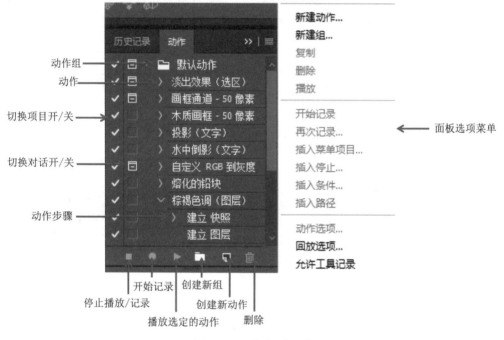

图 10-24　"动作"面板

（7）停止播放/记录。单击后停止记录或播放。

（8）开始记录。单击即可开始记录，红色凹陷状态表示记录正在进行中。

（9）播放选定的动作。单击即可运行选中的动作。

（10）创建新组。单击创建一个新组，用来组织单个或多个动作。

（11）创建新动作。单击创建一个新动作的名称、快捷键等，并且同样具有录制功能。

（12）删除。删除一个或多个动作或组。

2. 录制动作

使用"动作"面板录制一个动作，步骤如下：

（1）建立一个动作组，这有利于区别其他的众多组，便于后期的管理。

（2）建立动作，输入该动作的名称，选择其功能键和外观颜色。确定后，即开始录制。此时"动作"面板的"开始记录"按钮处于选择状态并显示为红色。

（3）开始具体的操作，这些操作会被动作所录制。

（4）如需要提示或提醒用户设置何种参数，可插入一个停止。在"动作"面板选项菜单中选择"插入停止"，并在出现的对话框中输入信息。

（5）操作完成后，鼠标单击"动作"面板中的"停止播放/记录"按钮，结束记录工作。

3. 执行动作

选择要执行的动作，单击"播放"按钮，即可执行该动作。如果在"动作"面板中选择动作组，用鼠标单击"播放"按钮后，组内所有的动作都将被执行。按住【Ctrl】键单击动作的名称，可以选定多个不连续的动作；先选定一个动作，再按住【Shift】键单击另一个动作，可以选定两个动作之间的全部动作。

1. 载入更多的动作

Photoshop 本身自带了多个动作，这些可添加的动作分别为命令、画框、图像效果、制作、文字效果、纹理和视频动作，也可以从网上下载第三方提供的动作。这些动作集以文件形式存在，扩展名为"atn"。可以通过以下方法载入这些动作集：

在 Windows 中双击该 ATN 文件，即可将该动作集载入。

在 Windows 中将该 ATN 文件拖入 Photoshop 中，即可添加至"动作"面板。

通过面板的选项菜单命令"载入动作"将该 ATN 文件载入"动作"面板。

如希望一次性添加多个动作集，可在 Windows 中选择多个 ATN 文件拖入 Photoshop；也可以在 Bridge 中选择多个 ATN 文件并双击。

图 10-25 所示为通过"动作"面板选项菜单进行载入动作操作。

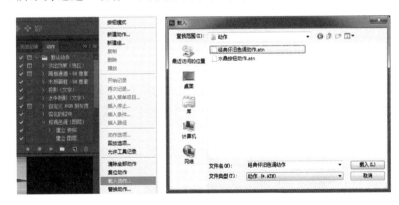

图 10-25 载入动作

二、任务解析：制作照片边框

要点提示

（1）执行"窗口"→"动作"命令或按【Alt＋F9】键创建新动作组。

（2）新建一个空白图层，按【Ctrl＋A】键全选，执行"选择"→"变换选区"命令

并按住【Alt＋Shift】键将选区向中心等比例缩小。

（3）点击"图层"面板下"添加图层样式"按钮，给"图层1"添加"斜面与浮雕"样式。

（4）单击"动作"面板下方的"停止记录"按钮，完成动作的记录。

任务步骤

（1）打开本项目素材"原图 \ 稻草1"。

（2）执行"窗口"→"动作"命令或按【Alt＋F9】键，打开"动作"面板，点击面板下方"创建新组"按钮，创建名称为"画框"的动作组，如图10-26所示。

图 10-26　创建新组

（3）创建动作组之后，单击面板下方的"创建新动作"按钮，修改名称为"美丽边框"。设置完成后，单击"记录"按钮，"动作"面板上的"开始记录"按钮显示为红色，如图10-27所示。

图 10-27　新建动作并记录

（4）新建一个空白图层，按【Ctrl＋A】键全选，执行"选择"→"变换选区"命令，然后按住【Alt＋Shift】键将选区向中心等比例缩小，按【Enter】键确认，效果如图10-28所示。

图 10-28　创建和变换选区

（5）执行"选择"→"反向"命令将图像反选，按【Shift＋F5】键，在打开的"填充"对话框中选择填充图案，点击"确定"按钮，效果如图 10-29 所示。

图 10-29 填充图案

（6）点击"图层"面板下"添加图层样式"按钮，给"图层 1"添加"斜面与浮雕"样式和"描边"样式，具体参数设置如图 10-30 所示。按【Ctrl＋D】键取消选区。

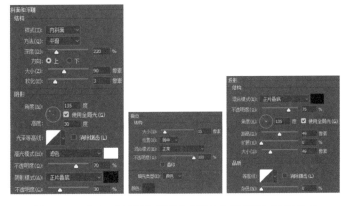

图 10-30 添加"斜面和浮雕""描边""投影"图层样式

（7）单击"动作"面板下方的"停止记录"按钮，完成动作的记录，"动作"面板如图 10-31 所示。

图 10-31 完成动作

（8）打开素材"风景1"，在"动作"面板中选择"美丽边框"，单击"播放选定的动作"按钮，给素材"风景1"添加边框效果，如图10-32所示。

图 10-32　对图像应用动作

（9）将图片分别保存为".psd"格式的文件。

任务三　在批处理中调用动作

一、相关知识：批处理

动作虽然记录了图片的整个操作过程，但如果每次将该动作应用到其他图片上时，就需要再次执行，当图片众多时就有些太烦琐了。用户可以将动作与批处理功能挂接到一起，这样就可以对选中的一批图像或某目录中所有的图像进行统一操作了，更进一步提高了执行效率。

执行"文件"→"自动"→"批处理"命令，即可弹出"批处理"对话框，如图10-33所示，在其中设置即可。

图 10-33　"批处理"对话框

二、任务解析：批处理文件

要点提示

（1）执行"文件"→"自动"→"批处理"命令，在弹出的"批处理"对话框中设置播放的组合动作。

（2）"源"下拉列表中选择"文件夹"单击下方的"选择"按钮，在弹出的"浏览文件"对话框中，选择素材文件中"批处理前"文件夹。

（3）过程中每处理一幅图像都会弹出"另存为"对话框，文件名不变，保存类型选择为".jpeg"，单击"保存"按钮，接着在弹出的".jpeg选项"对话框中进行设置。

任务步骤

（1）执行"窗口"→"动作"命令，即可打开"动作"面板，点击右上角下拉菜单■，在菜单中选择"图像效果"命令。

（2）执行"文件"→"自动"→"批处理"命令，在弹出的"批处理"对话框中设置播放的组合动作，如图10-34所示。"源"下拉列表中选择"文件夹"并单击下方的"选择"按钮，在弹出的"浏览文件"对话框中，选择素材文件中"批处理前"文件夹，如图10-35所示。选择后单击"确定"按钮即可在"批处理"对话框"目标"下拉列表中选择"文件夹"，单击下面的"选择"按钮，弹出"浏览文件"对话框，选择素材文件中"批处理后"文件夹，注意"选择"按钮下方的"覆盖动作中的'存储为'命令"复选框不要勾选，如图10-36所示。

图 10-34 打开"批处理"对话框

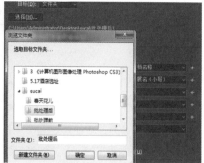

图 10-35　选择"批处理前"文件夹　　　　图 10-36　选择"批处理后"文件夹

（3）设置完毕后单击"确定"按钮进行处理。

（4）过程中每处理一幅图像都会弹出"另存为"对话框，文件名不变，保存类型选择为".jpeg"，单击"保存"按钮，接着在弹出的".jpeg 选项"对话框中进行设置即可，如图 10-37 所示。

图 10-37　对图像进行保存设置

（5）批处理后的图像效果如图 10-38 所示。

稻草2.jpg　　　风景2.jpg　　　海.jpg　　　海浪.jpg　　　海水.jpg　　　山.jpg

图 10-38　完成效果

☞ 课后练习

☞ **填空题**

1. 通道是用来存储图像的颜色信息、_____和_____的。

2. _____是一个命令序列，用来记录 Photoshop 的操作步骤，从而便于再次回放以提高工作效率和标准化操作流程。

☞ **单选题**

1. 在 Photoshop 中，（　　）可以对所选的所有图像进行相同的操作。

   A. 动作

   B. 历史

   C. 批处理

   D. 通道

2. 下列（　　）不能通过通道载入图像的选区。

   A. 按住【Ctrl】键，并用鼠标单击相应的通道

   B. 按住【Shift＋Ctrl】键，并用鼠标单击相应的通道

   C. 按住【Alt＋Shift】键，并用鼠标单击相应的通道

   D. 按住【Alt＋Shift＋Ctrl】键，并用鼠标单击相应的通道

3. RGB 图像中有几个单色通道？（　　）

   A. 3 个　　　　　　　　　　　　　B. 4 个

   C. 5 个　　　　　　　　　　　　　D. 6 个

☞ **简答题**

1. 简述生成 Alpha 通道的几种方法。

2. 在 Photoshop 中如何录制和执行动作？

3. 列举通道的功能。

☞ **操作题**

大树抠图。素材如图 10-39 所示；完成效果如图 10-40 所示。

图 10-39　大树　　　　　　　　　　　　图 10-40　大树抠图

操作提示：

（1）复制图层，用"套索工具"将要抠取的图像大致框选出来，按【Ctrl＋J】键复制

选区到新图层中。

（2）切换到"通道"面板，选择一个颜色对比比较明显的通道（这里选择蓝通道）进行复制。

（3）按【Ctrl＋L】键，打开"色阶"面板，调整使图像明暗对比更加明显。

（4）选择"减淡工具"，范围选择"高光"，对图像进行涂抹，去掉其中一些比较淡的杂色，使大树和草地轮廓更清晰。

（5）按【Ctrl】键，鼠标左键点击通道载入选区。

（6）回到图层面板，按【Shift＋Ctrl＋I】键选中大树和草地选区，复制到新的图层中。

项目十一

滤镜效果

学习目标

1. 掌握不同滤镜的使用方法。
2. 能够利用滤镜特效制作不同的特殊效果。

任务一 认识液化滤镜

一、相关知识：液化滤镜

滤镜可以做出各种漂亮的效果。它在 Photoshop 中具有非常神奇的作用。所有的滤镜都按分类放置在 Photoshop 菜单中，使用时，在"滤镜"对话框中单击相应按钮即可。滤镜通常与通道、图层等联合使用，才能达到最佳效果。其中液化滤镜可以使图像产生液体流动的效果，从而创建局部推拉、扭曲、局部放大缩小、局部旋转等特殊效果，如图 11-1 所示。

图 11-1 "液化"对话框

（1）向前变形工具。拖动鼠标，向前推进像素。

（2）重建工具。可以将变形的图像修复还原。

（3）顺时针旋转扭曲工具。可以对图片的局部进行顺时针旋转。

（4）褶皱工具。单击画笔，使像素向画笔区域的中心缩小。

（5）膨胀工具。单击画笔，使像素向远离画笔区域的中心膨胀。

（6）左推工具。使像素在鼠标拖动方向上的垂直移动。鼠标向左移动像素就向下推移，鼠标向右移动像素就向上推移，鼠标向上移动像素就向左推移，鼠标向下移动像素就向右推移。

（7）冻结蒙版工具。可以用鼠标拖动冻结不想变形的像素。

（8）解冻蒙版工具。可以用鼠标拖动解冻已被冻结的像素。

二、任务解析：美女瘦身

要点提示

利用"液化"滤镜对人物进行修改。

任务步骤

（1）按【Ctrl＋O】键打开"美女瘦身\素材"图片。

（2）按【Ctrl＋J】键将"背景"层拷贝生成"图层1"。

（3）执行"滤镜"→"液化"命令，打开"液化"对话框。选择"向前变形工具"，可以按键盘上的"［"或"］"改变画笔的大小，如图11-2所示。

（4）把人物的左脸向上拖拉，右脸也向上拖拉，肩部向下拖拉，产生效果如图11-3所示。

图 11-2 　"液化"对话框　　　　　　　　图 11-3 　液化后的效果

（5）按【Ctrl＋Shift＋S】键，输入文件名为"美女瘦身"，保存类型为".psd"格式。

任务二 认识风格化滤镜组

一、相关知识：风格化滤镜组

风格化滤镜可以通过置换像素和查找并增加图像的对比度，在选区中生成绘画或印象派的效果，许多效果非常显著，几乎看不出原图效果。其中包括查找边缘、等高线、风、浮雕效果、扩散、拼贴、曝光过度、凸出和油画 9 种滤镜。如图 11-4 所示分别为原图、风、浮雕和拼贴滤镜效果。

（a）　　　　　　　　　　　　　　（b）

（c）　　　　　　　　　　　　　　（d）

图 11-4　风格化滤镜效果

（a）原图；（b）风；（c）浮雕；（d）拼贴

二、任务解析：祝你平安

要点提示

（1）对文字进行"鱼形"变形。

（2）利用"滤镜"→"风格化"→"风"命令制作特效。

（3）利用"自定形状工具"制作小花。

任务步骤

（1）按【Ctrl＋N】键新建一个"800像素×600像素"的文档，并设置其分辨率为"72像素/英寸"，颜色模式为RGB，背景颜色为白色。

（2）单击"横排文字工具"，输入文字"祝你平安"，设置字体为"华文行楷"，设置文字颜色为"黑色"。

（3）选中文字，点击"文字变形"图标，在弹出的"变形文字"对话框中进行如图11-5所示的设置。

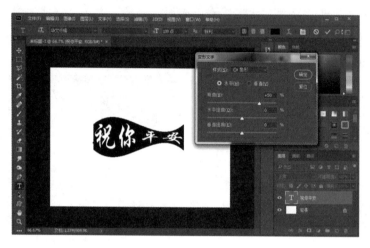

图11-5　对文字变形

（4）复制"祝你平安"文字图层，得到"祝你平安拷贝"图层。

（5）将两个文字图层进行"栅格化文字"后合并图层，效果如图11-6所示。

图11-6　栅格化文字并合并图层

（6）选中文字图层，执行"滤镜"→"风格化"→"风"命令，在弹出的"风"对话框中设置："方法"为风，"方向"为从左。设置完成后的效果如图11-7所示。

图 11-7 滤镜后的效果

（7）选择"自定形状工具"，选择"花 1"形状，创建一个小花的形状，并改变颜色为"#ff0000"，如图 11-8 所示。

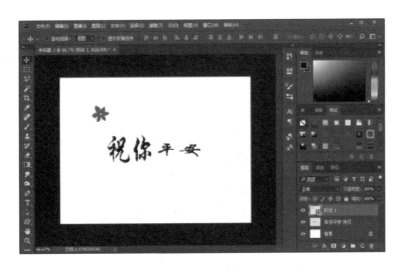

图 11-8 制作红色小花

（8）选中"形状 1"图层，并按【Ctrl＋J】键复制出来 10 个小花的形状图层，最后把每一个小花的颜色进行更改，效果如图 11-9 所示。

图 11-9　完成效果

（9）按【Ctrl＋Shift＋S】键，输入文件名为"祝你平安"，保存类型为".psd"格式。

任务三　认识模糊滤镜组

一、相关知识：模糊滤镜组

模糊滤镜可以对图像中的像素起到柔化作用，从而对图像起到模糊效果，通过平衡图像中已定义的线条和遮蔽区域的清晰边缘旁边的像素，使变化显得柔和。其中包括表面模糊、动感模糊、方框模糊、高斯模糊、进一步模糊、径向模糊、镜头模糊、模糊、平均、特殊模糊和形状模糊 11 种滤镜。图 11-10 所示分别为原图、表面模糊、动感模糊和高斯模糊。

图 11-10　模糊滤镜组

a）原图；（b）表面模糊；（c）动感模糊；（d）高斯模糊

二、任务解析：水面倒影

要点提示

（1）利用"滤镜"→"模糊"→"动感模糊"命令来制作模糊特效。

（2）利用"涂抹工具"进行涂抹。

（3）利用"滤镜"→"杂色"→"添加杂色"命令来制作杂色特效。

（4）做透视效果。

（5）利用"滤镜"→"模糊"→"高斯模糊"命令来制作模糊特效。

任务步骤

（1）打开本项目素材"水面倒影 \ 素材 1.jpg"。

（2）单击"背景"图层上的小锁按钮，使"背景"图层转换为"图层 0"，如图
11-11所示。

图 11-11　"背景"图层转换为"图层 0"

（3）执行"图像"→"画布大小"命令，打开"画布大小"对话框，参数设置如图
11-12所示。

（4）双击"图层 0"图层，把它更名为"天空"图层，并选中"天空"图层，按
【Ctrl＋J】键后得到"天空拷贝"图层，如图 11-13 所示。

图 11-12　"画布大小"对话框　　　　图 11-13　改变图层名称并复制图层

（5）选中"天空拷贝"图层，按【Ctrl＋T】键会得到一个编辑框，在编辑框内右击

鼠标，选中"垂直翻转"，把得到的图片移到下方。

（6）双击"天空拷贝"图层，更名为"倒影"，并复制"倒影"图层，得到"倒影拷贝"图层，并将"天空"图层拉到所有图层的最上方，如图 11-14 所示。

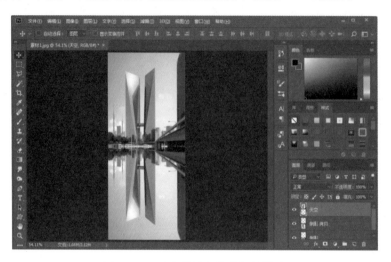

图 11-14　改变图层名称并复制图层

（7）选中"倒影拷贝"图层，执行"滤镜"→"模糊"→"动感模糊"命令，进行参数设置："角度"为 90 度，"距离"为 35 像素。

（8）同时选中"倒影"图层和"倒影拷贝"图层，按【Ctrl＋E】键进行组合。

（9）选择"涂抹工具"，参数设置如图 11-15 所示。在"倒影拷贝"图层的不同水平线上横向涂抹，使图片产生弯曲效果，如图 11-16 所示。

图 11-15　"涂抹工具"参数设置

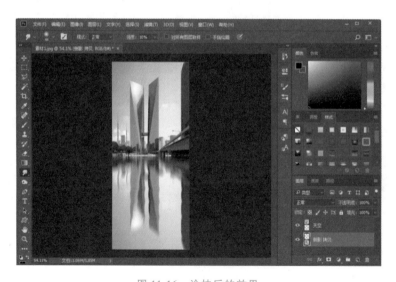

图 11-16　涂抹后的效果

（10）在"倒影拷贝"图层上方新建"图层 1"图层，把前景色改为"白色"，按【Alt＋Delete】键给"图层 1"图层填充白色。

（11）执行"滤镜"→"杂色"→"添加杂色"命令，进行参数设置："数量"为 115.37％，"分布"为高斯分布，并勾选"单色"复选框。

（12）执行"滤镜"→"模糊"→"动感模糊"命令，进行参数设置："角度"为 0 度，"距离"为 50 像素。

（13）按【Ctrl＋L】键，调出"色阶"对话框，参数设置如图 11-17 所示。

（14）隐藏"天空"图层，对"图层 1"做透视效果，可以按【Ctrl＋T】键，得到一个编辑框，在编辑框内部右击鼠标，选择"透视"选项，做如图 11-18 所示的调整。

图 11-17　"色阶"对话框

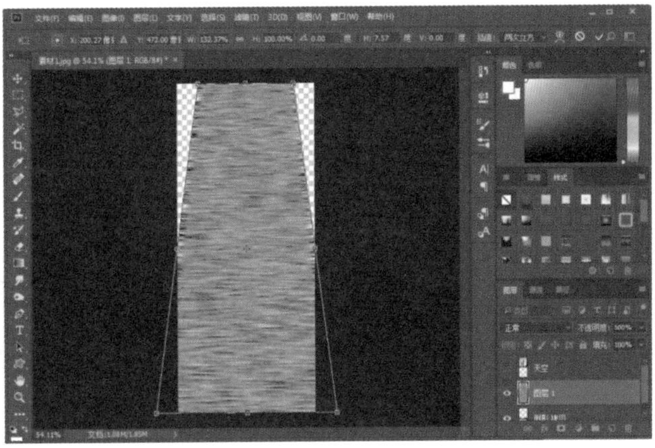

图 11-18　透视效果

（15）执行"滤镜"→"模糊"→"高斯模糊"命令，设置半径大小为"2 像素"。

（16）对"图层 1"进行拷贝，按【Ctrl＋J】键得到"图层 1 拷贝"图层。

（17）取消对"天空"图层的隐藏，同时隐藏"图层 1 拷贝"，选中"图层 1"，设置图层混合模式为"柔光"，"不透明度"设置为 35％，效果如图 11-19 所示。

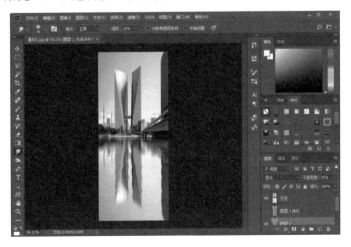

图 11-19　设置"图层 1"的混合模式

（18）取消对"图层1拷贝"的图层隐藏，同时选中"图层1拷贝"的图层，按【Ctrl＋I】键进行反相处理，如图11-20所示。

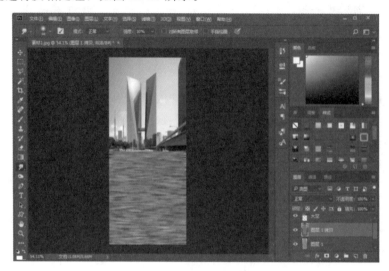

图11-20　取消图层隐藏并进行反相处理

（19）设置"图层1拷贝"的图层混合模式为"叠加"，不透明度为"35％"。

（20）选择"移动工具"，然后按"向下"方向键一次，移动"图层1拷贝"，错开两个纹理间重合区域，增强对比效果。

（21）选择"天空"图层，按【Ctrl＋Alt＋Shift＋E】键盖印图层，选择"渐变工具"，在"渐变编辑器"中选择黑白渐变，并把白色色标的不透明度设置为0％。在"图层2"中按住【Shift】键的同时由图片底部拉到图片中心处，拉出一个黑色到透明的线性渐变，效果如图11-21所示。

图11-21　"线性渐变"后的效果

（22）最后把"图层 2"的"不透明度"设置为 50%，效果如图 11-22 所示。

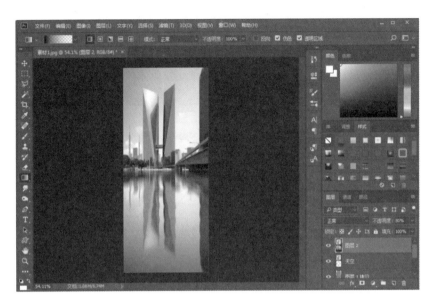

图 11-22　完成效果

（23）按【Ctrl＋Shift＋S】键，输入文件名为"水面倒影"，保存类型为".psd"格式。

任务四　认识扭曲滤镜组

一、相关知识：扭曲滤镜组

扭曲滤镜将图像进行几何扭曲，创建 3D 或其他整形效果，可以生成发光、波纹、旋转及扭曲效果。其中包括波浪、波纹、极坐标、挤压、切变、球面化、水波、旋转扭曲和置换 9 种滤镜。图 11-23 分别为原图、波浪—正弦波、波浪—三角形、平面坐标到极坐标、球面化和旋转扭曲等滤镜的效果。

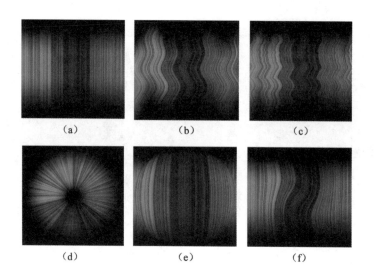

图 11-23　扭曲滤镜组

（a）原图；（b）波浪—正弦波；（c）波浪—三角形；

（d）平面坐标到极坐标；（e）球面化；（f）旋转扭曲

二、任务解析：牛奶混合咖啡

要点提示

（1）利用"滤镜"→"扭曲"→"旋转扭曲"命令做扭曲特效。

（2）利用"滤镜"→"扭曲"→"水波"命令做水波特效。

（3）利用"滤镜"→"扭曲"→"波浪"命令做波浪特效。

任务步骤

（1）打开本项目素材"牛奶混合咖啡＼素材 1.jpg"。

（2）新建一个图层"图层 1"，使用"快速选择工具"创建如图 11-24 所示的选区。

（3）选中"图层 1"，选择"渐变工具"填充一个线性渐变，颜色值从"＃000000"到"＃3f2800"，最终效果如图 11-25 所示。

图 11-24 创建选区

图 11-25 设置渐变后的效果

（4）按【Ctrl＋D】键取消选区，把"图层 1"的混合模式设置为"滤色"。

（5）新建"图层 2"，选择"画笔工具"，从"画笔工具"选项栏的"画笔预设"选取器中选择"常规画笔"中的柔边圆，如图 11-26 所示。用白色的画笔画出几个斑点，效果如图 11-27 所示。

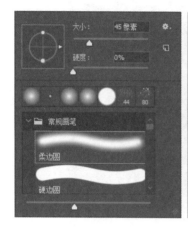

图 11-26 "画笔预设"选取器   图 11-27 加上白色斑点后的效果

（6）执行"滤镜"→"扭曲"→"旋转扭曲"命令，在弹出的对话框中设置"角度"为"246"度，效果如图11-28所示。

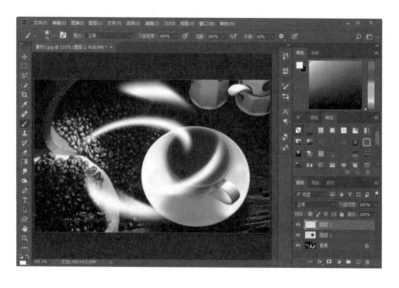

图 11-28 旋转扭曲后的效果

（7）执行"滤镜"→"扭曲"→"水波"命令，在弹出的对话框中设置"数量"为"16"，"起伏"为"6"，"样式"为"水池波纹"，设置好后的效果如图 11-29 所示。

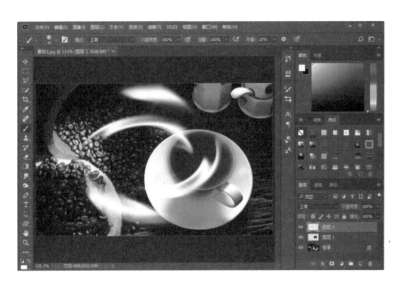

图 11-29 水波扭曲后的效果

（8）执行"滤镜"→"扭曲"→"波浪"命令，进行参数设置："生成器数"为"1"，"波长"最小值为"85"，最大值为"136"；"波幅"最小值为"43"，最大值为"57"，"比例"水平为"100％"，垂直为"100％"，"类型"为正弦，"未定义区域"为折回，生成的效果如图 11-30 所示。

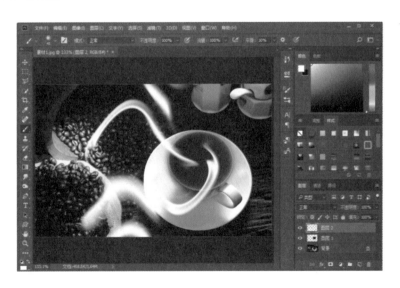

图 11-30 波浪扭曲后的效果

（9）再次执行"滤镜"→"扭曲"→"旋转扭曲"命令，设置"角度"为"356"度，设置后的效果如图 11-31 所示。

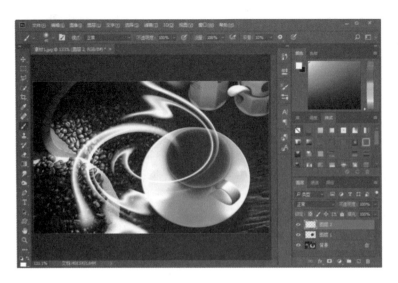

图 11-31　旋转扭曲后的效果

（10）对"图层 2"中的对象按【Ctrl＋T】键进行自由变换，改变图层的大小，并移到图层中合适的位置。

（11）设置"图层 2"的"混合模式"为"叠加"，"不透明度"设置为"75％"，效果如图 11-32 所示。

图 11-32　设置图层混合模式后的效果

（12）按【Ctrl＋Shift＋S】键，输入文件名为"牛奶混合咖啡"，保存类型为".psd"格式。

任务五　认识锐化滤镜组和像素化滤镜组

一、相关知识：锐化滤镜组和像素化滤镜组

1. 锐化滤镜组

Photoshop 的锐化功能就是将边缘的颜色饱和度、明度和对比度增加，从直观上感觉图片清晰界限分明。锐化滤镜组包括 USM 锐化、进一步锐化、防抖、锐化、锐化边缘和智能锐化 6 种滤镜。

（1）USM 锐化滤镜是 Photoshop 根据颜色的容差来对比较模糊的边缘进行像素填充，使图片变得清晰，如图 11-33 所示。

（a） **（b）**

图 11-33　使用 USM 锐化滤镜后的效果

（a）原图；（b）USM 锐化后

（2）防抖滤镜可以减少拍照时因抖动而产生的模糊，如图 11-34 所示。

（a） **（b）**

图 11-34　使用防抖滤镜后的效果

（a）原图；（b）防抖后

（3）智能锐化滤镜能够设置锐化算法，丰富纹理，让边缘更清晰，同时让细节更突出，如图 11-35 所示。

（a）　　　　　　　　　　　（b）

图 11-35　使用智能锐化滤镜后的效果

（a）原图；（b）智能锐化

2. 像素化滤镜组

像素化滤镜把图像分成一定的区域，将这些区域转变成色块，再用这些色块构成图像，类似于色彩构成的效果。其中包括彩块化、彩色半调、点状化、晶格化、马赛克、碎片和铜版雕刻 7 种滤镜。图 11-36 所示分别为原图、彩块化、点状化、马赛克滤镜效果。

（a）　　　　　（b）　　　　　（c）　　　　　（d）

图 11-36　像素化滤镜组

（a）原图；（b）彩块化；（c）点状化；（d）马赛克

3. 渲染滤镜组

渲染滤镜可以制作云彩效果，可以模拟光线反射等，包括火焰、图片框、树、分层云彩、光照效果、镜头光晕、纤维和云彩 8 种滤镜。部分渲染滤镜效果如图 11-37 所示。

（a）　　　　　（b）　　　　　（c）　　　　　（d）

图 11-37　渲染滤镜组

（a）原图；（b）分层云彩；（c）光照效果；（d）镜头光晕

二、任务解析：制作蜘蛛网喇叭

要点提示

（1）利用"滤镜"→"渲染"→"云彩"命令做特效。

（2）利用"滤镜"→"像素化"→"马赛克"命令做特效。

（3）利用"滤镜"→"滤镜库"命令，选择"风格化"→"照亮边缘"命令做特效。

（4）利用"滤镜"→"滤镜库"命令，选择"艺术效果"→"塑料包装"命令做特效。

（5）利用"滤镜"→"扭曲"→"极坐标"命令做特效。

（6）利用"滤镜"→"扭曲"→"球面化"命令做特效。

任务步骤

（1）按【Ctrl+N】键新建一个 1 000 像素×1 000 像素的文档，分辨率为"72 像素/英寸"，颜色模式为 RGB 颜色，8 位，背景内容为黑色。

（2）设置前景色为红色，背景色为白色。

（3）执行"滤镜"→"渲染"→"云彩"命令，运用渲染滤镜后的效果如图11-38 所示。

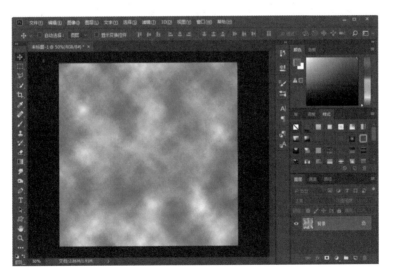

图 11-38　运用渲染滤镜后的效果

（4）执行"滤镜"→"像素化"→"马赛克"命令，在弹出的"马赛克"对话框中设置"单元格大小"为"50"方形，效果如图 11-39 所示。

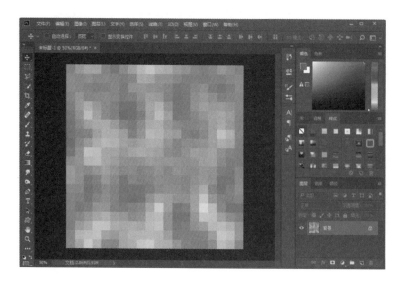

图 11-39　像素化后的效果

（5）执行"滤镜"→"滤镜库"菜单，选择"风格化"→"照亮边缘"命令，在弹出的"照亮边缘"对话框中设置"边缘宽度"为"3"，"边缘亮度"为"18"，"平滑度"为"9"，设置后的效果如图 11-40 所示。

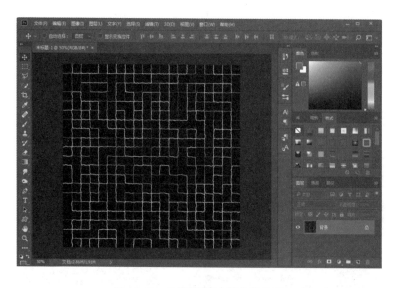

图 11-40　设置照亮边缘后的效果

（6）执行"滤镜"→"滤镜库"命令，选择"艺术效果"→"塑料包装"子命令，在弹出的"塑料包装"对话框中设置"高光强度"为"15"，"细节"为"9"，"平滑度"为"3"，效果如图 11-41 所示。

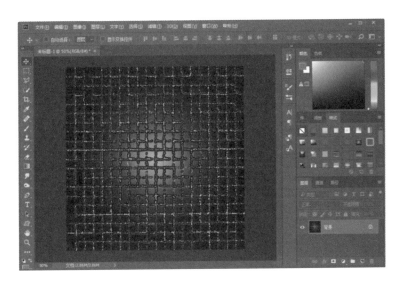

图 11-41 设置塑料包装后的效果

（7）按【Ctrl＋J】键复制"背景"图层，得到"图层 1"并隐藏，选择背景图层，执行"滤镜"→"扭曲"→"极坐标"命令，选择"平面坐标到极坐标"选项，效果如图 11-42 所示。

图 11-42 设置极坐标后的效果

（8）取消对"图层 1"的隐藏，选择"图层 1"，执行"滤镜"→"扭曲"→"球面化"命令，把数量调到"100％"，效果如图 11-43 所示。

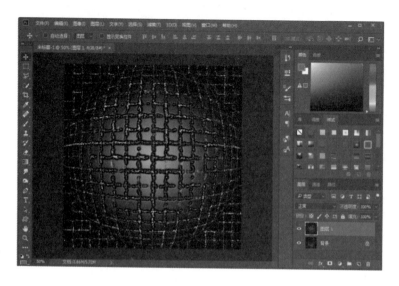

图 11-43 设置球面化后的效果

（9）选择"椭圆选框工具"，把"图层 1"中的球面化效果的球选中，按
【Ctrl＋Shift＋I】键反向，按【Delete】键把多余的边缘去掉，效果如图 11-44 所示。

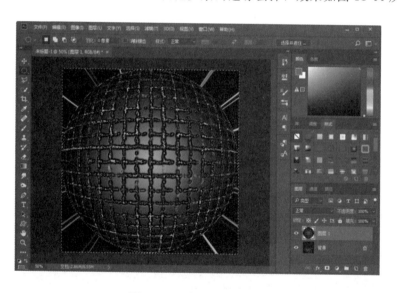

图 11-44 对图层 1 的操作

（10）按【Ctrl＋D】键取消选区，再按【Ctrl＋T】键进行编辑，同时按着【Alt＋
Shift】键拖动四个角的方块，把球缩小到中心，效果如图 11-45 所示。

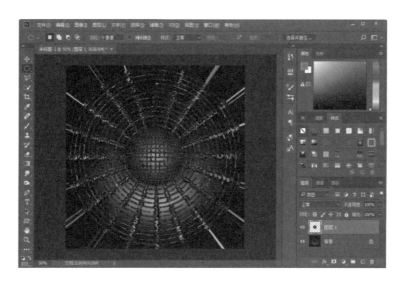

图 11-45　把球缩小到中心

（11）新建一个图层得到"图层 2"，填充黑色，单击"背景"图层后的小锁图标，"背景"图层变成"图层 0"，把"图层 2"移到"图层 0"下方，用橡皮擦把"图层 0"上的蓝色线条擦掉，效果如图 11-46 所示。

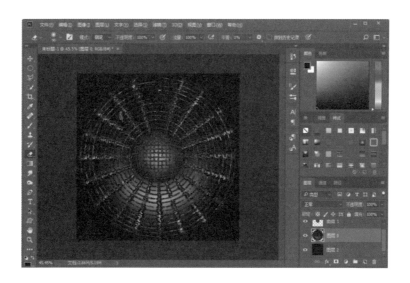

图 11-46　擦除蓝色线条

（12）同时选中"图层 0"和"图层 1"，按【Ctrl＋E】键进行合并后得到"图层 1"，再用"椭圆选框工具"选中"图层 1"中的球，按【Ctrl＋Shift＋I】键反选，按【Delete】键删除多余颜色，效果如图 11-47 所示。

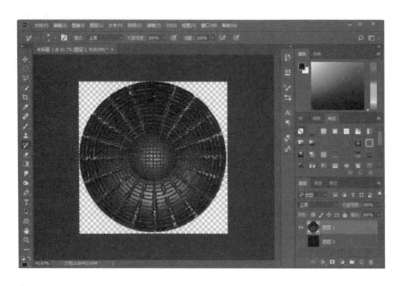

图 11-47   反选并删除多余颜色

（13）按【Ctrl＋D】键取消选区，按【Ctrl＋T】键对图像编辑，并放在合适的位置，按住【Ctrl＋J】键对"图层 1"复制 2 次，分别对 2 次复制的图像编辑，效果如图 11-48所示。

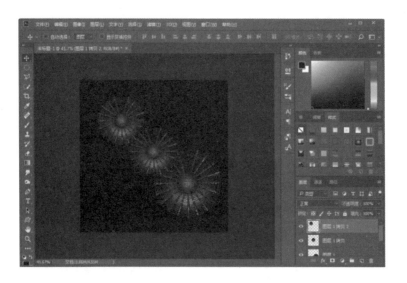

图 11-48   完成效果

（14）按【Ctrl＋Shift＋S】键保存，输入文件名为"制作蜘蛛网喇叭"，保存类型为".psd"格式。

任务六　认识杂色滤镜组

一、相关知识：杂色滤镜组

杂色滤镜组可以在图片中加入或减去杂色，创建与众不同的纹理，也可用于修复有问题的缺陷。其中包括减少杂色、蒙尘与划痕、去斑、添加杂色和中间值5种滤镜。其中部分杂色滤镜效果如图11-49所示。

（a）　　　　　　（b）　　　　　　（c）　　　　　　（d）　　　　　　（e）

图11-49　杂色滤镜组

（a）原图；（b）减少杂色；（c）蒙尘与划痕；（d）去斑；（e）添加杂色

二、任务解析：添加夜空点点繁星

要点提示

（1）利用"滤镜"→"杂色"→"添加杂色"命令做添加杂色特效。

（2）利用"滤镜"→"模糊"→"高斯模糊"命令做模糊特效。

（3）利用"色阶""色相/饱和度"调色。

任务步骤

（1）打开本项目素材"添加夜空点点繁星\素材1.jpg"，点击"图层"面板中的"新建图层"按钮，在背景图层上新建一个"图层1"。

（2）把前景色设置为黑色，按【Alt＋Delete】键为"图层1"填充黑色。

（3）在"图层1"上单击鼠标右键，选择"转换为智能对象"选项，如图11-50所示。

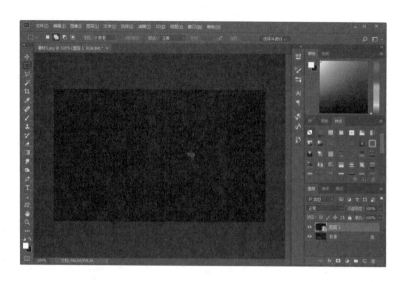

图 11-50　"图层 1"转换为智能对象

（4）执行"滤镜"→"杂色"→"添加杂色"命令，设置"数量"为"16％"，"分布"为"高斯分布"，勾选"单色"，效果如图 11-51 所示。

图 11-51　添加杂色后的效果

（5）执行"滤镜"→"模糊"→"高斯模糊"命令，设置"半径"为"0.8 像素"，效果如图 11-52 所示。

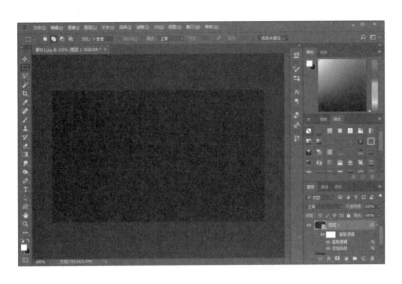

图 11-52 "高斯模糊"后的效果

（6）选择"图层"→"新建调整图层"→"色阶"命令，在弹出的"色阶"对话框中单击"此调整剪切到此图层"按钮，参数设置如图 11-53 所示，效果如图 11-54所示。

图 11-53 "色阶"对话框

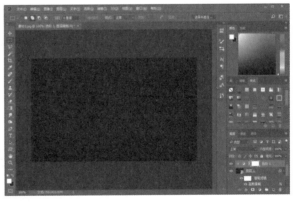

图 11-54 设置"色阶"后的效果

（7）选择"图层"→"新建调整图层"→"色相/饱和度"命令，在弹出的"色相/饱和度"对话框中勾选"此调整剪切到此图层"按钮，参数设置如图 11-55 所示，效果如图11-56所示。

 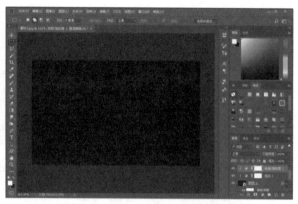

图 11-55　"属性"面板　　　　图 11-56　设置"色相/饱和度"后的效果

（8）同时选中"色相/饱和度 1""色阶 1""图层 1"三个图层，点选"图层"面板中的"创建新组"按钮。

（9）隐藏"组 1"，结合使用"套索工具""多边形套索工具"，大致抠出"背景"图层上夜空下城市的画面部分，如图 11-57 所示。

图 11-57　抠出夜空下城市的画面

（10）取消对"组 1"的隐藏，使其可见，按住【Alt】键的同时单击"图层"面板中的"添加矢量蒙版"按钮，效果如图 11-58 所示。

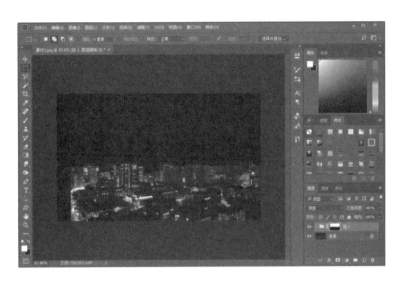

图 11-58 "添加矢量蒙版"后的效果

（11）把"组 1"的图层混合模式改为"滤色"，效果如图 11-59 所示。

图 11-59 滤色后的效果

（12）按【Ctrl＋Shift＋S】键，输入文件名为"添加夜空点点繁星"，保存类型为
".psd"格式。

课后练习

☞ 填空题

1. 滤镜通常和通道、图层等联合使用，才能达到最佳效果。其中_____滤镜可以
使图像产生液体流动的效果。

2. 风格化滤镜包括查找边缘、_____、风、_____、扩散、_____、曝光过度、凸出和油画9种滤镜。

3. _____滤镜是 Photoshop 根据颜色的容差来对比较模糊的边缘进行像素填充，使得图片变得清晰。

☞ 单选题

1. "锐化"滤镜组中有几种滤镜？（　　　　）

A. 9　　　　　　　　　　　　　　　B. 6

C. 10　　　　　　　　　　　　　　D. 7

2. 拍摄的照片比较模糊的话，应该用哪种滤镜弥补？（　　　　）

A. 杂色　　　　　　　　　　　　　B. 像素化

C. 模糊　　　　　　　　　　　　　D. 锐化

3. 哪个滤镜能够实现立体化效果？（　　　　）

A. 浮雕效果　　　　　　　　　　　B. 查找边缘

C. 铜版雕刻　　　　　　　　　　　D. 蒙尘与划痕

4. 在 Photoshop CC 2018 中，我们刚刚使用过"蒙尘与划痕"滤镜，现在想重复使用，按（　　　　）键。

A. Alt＋Ctrl＋F　　　B. Ctrl＋Shift＋F　　　C. Shift＋F　　　D. Ctrl＋O

☞ 简答题

1. 风格化滤镜有什么功能？

2. 滤镜中的"光照效果"怎么使用？

☞ 操作题

制作圆形光影效果，素材如图 11-60 所示；完成效果如图 11-61 所示。

图 11-60　素材　　　　　　　　　　　　　图 11-61　完成效果

项目十二

综合实训

学习目标

1. 认识网站 logo 设计。
2. 认识产品包装设计。
3. 认识海报设计。

任务一　了解网站 logo 设计

一、相关知识：网站 logo 设计

1. logo 设计

logo 设计专指商品、企业、网站等为自己主题活动设计的一种区分于其他品牌或者产品的标识。可以将其理解为个人的身份标识。

logo 是徽标或者商标的英文简称，起到对商标公司的识别和推广。通过 logo 可以使消费者记住公司的主体和品牌文化。logo 设计也有各种类型，有文字 logo、图像 logo 等。

2. logo 的作用

（1）识别性。识别性是企业标志重要的功能之一。市场经济体制下，竞争越来越激烈，公众所面对的信息较为复杂，logo 商标非常繁多。只有独具创意、高辨识度、含义深刻、造型别致优美的 logo，才能在行业中凸显，使它可以区别于其他企业、产品或者服务，给大众留下深刻的印象，提升重要性。

（2）领导性。标志是企业传达信息的重要内容，也是进行传播的重要力量。在视觉识

别系统中，logo 的造型、色彩、应用方式等决定了其他形式和其他要素的建立，以 logo 为中心展开。logo 对于企业经营和倡导理念有着重要内容和表现，具有权威性的领导作用。

（3）同一性。logo 代表的是企业的经营理念、文化特色、价值取向，反映企业产业特点和经营思路，是企业精神的象征。大众认同 logo 等于是对企业的认同。企业应当以 logo 发展的理念为主导和方向去做好做强自己的品牌。如果违背了企业宗旨，只能是纸上谈兵，logo 的意义将不存在。

企业 logo 承载着企业的无形资产，是企业综合信息传递媒介。在企业形象传递、传播过程中，logo 是应用最广泛，出现频率最高，同时也是最关键的元素。企业的完善机制，强大的整体实力，优质的产品以及服务都能够体现在 logo 中，并且留在受众心目中。

二、任务解析：万山湖景观的网站标题设计

▌要点提示

（1）使用"转换点"工具对 logo 色块的锚点进行调整。

（2）使用混合选项功能调出阴影部分，颜色设置为深蓝色。

（3）对字体作变形处理。

（4）执行"滤镜"→"模糊"→"高斯模糊"命令，在打开的对话框中将数值设置为 10，对图片进行模糊处理。

▌任务步骤

（1）新建一个大小为 12 cm×12 cm 的文件，分辨率设置为"90 像素/英寸"，色彩模式为"RGB"，背景为"白色"。

（2）使用"钢笔工具" 绘制出来一个基本的形状，代表湖面的样式。使用"转换点工具" 对其 logo 色块的锚点进行调整，如图 12-1 所示。

图 12-1　形状绘制

（3）使用线性渐变的方法填充，如图 12-2 所示。

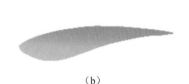

（a）　　　　　　　　　　　　　　　　　　　（b）

图 12-2　线性渐变填充

（a）渐变设置；（b）填充颜色

（4）将新建图层放置在蓝色图层下方，使用"钢笔工具"绘制第二个色块，浅蓝色色块使用纯色，如图 12-3 所示。

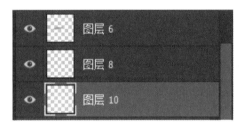

图 12-3　新建图层

（5）将新建图层放置在下方。重复上面的步骤绘制不同的图像，形状不要一样。将此三块图层颜色进行合并，按住【Shift】键选中要合并的图层，鼠标右键点击合并图层，如图 12-4 所示。

图 12-4　将图层合并

（6）接着绘制最后一层颜色逐层递减，使用渐变色进行填充。

（7）按下【Ctrl＋E】键对这几层进行一个向下合并，合并为一个图层，如图 12-5 所示。

图 12-5　多个形状绘制合并

（8）设置图层混合选项调出阴影部分，颜色设置为深蓝色，阴影方向为"默认状态"。

（9）使用同样的方法绘制接下来的图像图形，各复制两份，按【Ctrl＋J】键复制，分别按【Ctrl＋T】键调整大小，或者鼠标点击图层右键"复制图层"，如图 12-6 所示。右键选择水平翻转调整对象的方向，旋转好之后结束调整，如图 12-7 所示。

图 12-6　复制图层　　　　　　　　　　图 12-7　旋转复制

（10）点击"横排文字工具"，输入"万山湖景观"。按【Ctrl＋T】键对字体进行放大调整，全部选中文字之后调整字体、字号大小。将前景色设置为黑色，与 logo 的颜色要和谐舒适。把字体栅格化，方便调整，如图 12-8 所示。

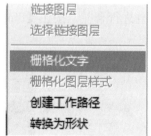

图 12-8　栅格化文字

（11）对字体作变形处理，把"山"字调整一下后使用"钢笔工具"画出山的基本形态，并且填充黑色到灰色的线性渐变效果。加一个黑色的描边。描边效果可以点击"编辑"窗口下的"描边"，调整合适的宽度，颜色用黑色，如图 12-9 所示。

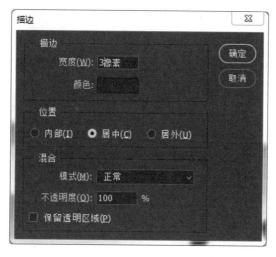

图 12-9　添加描边

（12）把文字"湖"的口字换成一个正圆形，并填充蓝色。

（13）底部输入一行小字"Wanshan Lake Landscape"。

（14）至此，完成 logo 的案例设计，其效果如图 12-10 所示。

图 12-10　绘制文字完成 logo

（15）新建一个 20 cm×3 cm 大小的文件，分辨率设置为"90 像素/英寸"，如图12-11 所示。

图 12-11　新建标题文件

（16）把 logo 拉到新建的文件中，调整其位置和大小，如图 12-12 所示。

图 12-12　logo 拉入画面向左排齐

（17）使用"橡皮擦工具"对图片擦除一部分，有一个过渡虚化的处理方式。

（18）把景区图片拉入画面当中，对其进行处理，执行"滤镜"→"模糊"→"高斯模糊"命令，在打开的对话框中将数值设置为 10，对图片进行模糊处理，如图 12-13 所示。

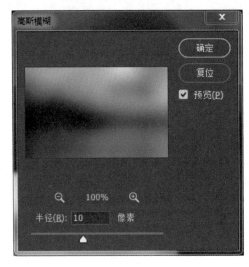

图 12-13　应用高斯模糊效果

（19）新建一个图层，使用"横排文字工具"输入"万山湖景观欢迎您"，如图 12-14 所示。

（20）打开"混合选项" **fx** 设置内阴影和投影参数，内阴影：正片叠底，颜色为"R＝0，G＝80，B＝100"，不透明度为"70％"，使用全局光，角度为"135 度"，大小为"4"；投影：距离为"4"，大小为"3"，如图12-15所示。

图 12-14　输入文字

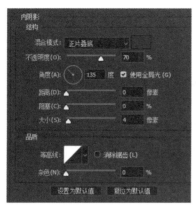

图 12-15 内阴影和投影数值

（21）输入英文"WELCOME TO WANSHAN LAKE"，同样添加一样的内阴影和投影参数。

（22）此案例至此完成，其最终效果如图 12-16 所示。

图 12-16 万山湖景观的网站标题设计效果图

任务二　了解产品包装设计

一、相关知识：包装设计

包装是品牌理念、品牌特性和消费者心理几个重要部分的综合，它影响了消费者的购买欲。包装的视觉设计可以有效地影响并且刺激消费者的购买欲。如今，在经济全球化的趋势下，包装和产品已经融为一体。包装是作为实现商品价值和使用价值的有效手段。在生产、流通销售和消费领域中，它发挥了及其重要的作用，是需要持续关注的一个重要内容。包装的功能性很强，它的作用是保护商品、传达商品、方便使用、方便运输、促进销售、提高产品的附加值。包装作为一门综合学科，具有商品和艺术结合的双重性。

1. 包装定位设计的三个基本因素

包装定位设计把信息分为三个基本因素：

一是品牌定位。重点在于产品的品牌信息、品牌特征和品牌理念，是视觉表现的重要依据。对于新产品和一些人们熟知的产品包装设计，品牌定位较为重要。

二是产品定位。要了解消费者心理，能够迅速找到产品的品牌定位，要区别于市面上已经出现的同类型产品，要有自己的独特性，这样才能不断开拓新的市场，让消费者更容易记住。

三是消费者定位。明确该产品的生产对象和销售对象等。

上面介绍了定位设计的三个基本因素。每件包装设计应当有自己的独特性，要有突出的重点。要把信息进行分类，层级地展示，放置在包装的不同位置。要突出的信息需要进行市场调研，仔细研究商品资料和市场信息，了解并掌握产品在市场上的地位。产品品牌如果有自己一定的社会市场或者社会地位，应当以品牌定位为主。如果产品特色鲜明，应当以产品定位为主。

2. 包装的任务

包装设计的基本任务是科学经济地完成产品包装的造型和结构。

（1）包装造型设计。包装造型设计又称为形体设计，指的是包装容器的造型，具有包装的功能和外观美的包装容器造型，以视觉形式表现出来。包装必须适应品牌理念，除了具有实用性之外还要能够保护产品。

（2）包装结构设计。包装结构设计是从包装的保护性、方便性、功能性和生产实际条件出发，依据科学原理对内部结构考虑的设计。重点是保护商品，其次是考虑使用、携带、陈列装运等方便性。

（3）包装装潢设计。包装装潢设计是以图案、文字、色彩等艺术形式，突出产品的特色和形象，保证包装的造型精美细致，图案创意精巧、色彩文字鲜明等特点。目的在于提升产品在市场中的竞争力，促进销售。包装装潢设计是一门综合性的科学，既是一门实用的美术学科，又需要考虑到市场营销学、心理学、消费经济学等其他学科以及知识。

二、任务解析：牛奶盒设计

▌要点提示

（1）使用"钢笔工具"绘制路径。

（2）通过"自由变换"调整图像位置和大小。

（3）边缘需要过度柔和，使用"画笔工具"，调整前景色为黑色，在图层蒙版上做一个涂抹，黑色遮挡不显示。

▌任务步骤

（1）按【Ctrl＋N】键新建文件，设置名称为牛奶包装，宽度为 16.3 cm，高度为 16.37 cm，创建一个新的图像文件。在图像中使用"钢笔工具"绘制路径，并将路径转换为选区，填充选区颜色为"R＝219，G＝84，B＝86"到白色的线性渐变，如图 12-17 所示。

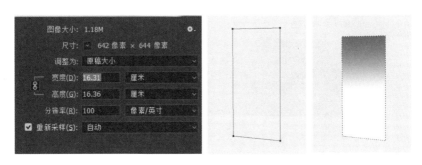

图 12-17　牛奶盒正面

（2）取消选区，新建图层并且命名为包装正面。

（3）选择"多边形套索工具"，在图像中创建选区，填充颜色为"R＝255，G＝96，B＝99"到白色的线性渐变，取消选区，如图 12-18 所示。新建图层并且命名为包装侧面，绘制图像完成后保持选区。

（4）新建图层命名为侧面阴影，选择侧面阴影，填充选区颜色为"R＝143，G＝141，B＝141"到透明色的线性渐变，取消选区，如图 12-19 所示。

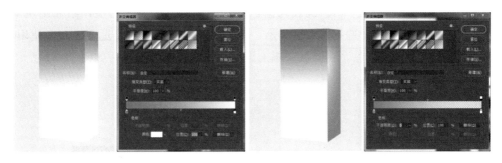

图 12-18　两边颜色填充　　　　　　　　　图 12-19　侧面加阴影

（5）新建图层并且命名为顶面 1，创建选区并且填充选区颜色为"R＝246，G＝207，B＝208"线性渐变，取消选区，如图 12-20 所示。

图 12-20　绘制盒子的顶部

（6）包装顶面 2，采用相同的方法创建选区，填充纯色颜色为"R＝227，G＝6，B＝11"。取消选区。

（7）绘制两个侧面阴影，使用"多边形套索工具"，填充颜色为灰色到白色的渐变，径向渐变，如图 12-21 所示。

图 12-21 包装盒顶面的阴影

（8）在图像上建立三角形选区，填充选区颜色为"R＝143，G＝141，B＝141"到白色的线性渐变，取消选区。

（9）新建图层命名为侧面阴影 3 绘制阴影图像。完成图像后命名为包装侧面 2，填充颜色"R＝209，G＝1，B＝5"。

（10）打开牛奶图像，将图像拖曳到当前图像文件中，通过"自由变换"调整图像位置和大小。

（11）调整该牛奶层混合模式为"正片叠底"，与包装盒子正面有比较好的融合效果。调出盒子正面的选区，按【Ctrl】键载入选区，点击选中"牛奶"图层，添加图层蒙版。可以把盒子以外的部分进行遮挡。白色显示，黑色不显示。边缘需要过度柔和，使用"画笔工具"，调整前景色为黑色，在图层蒙版上涂抹，黑色遮挡不显示，如图 12-22 所示。

图 12-22 添加图层蒙版

（12）侧面牛奶图案放置的方法与上层一样，载入侧面牛奶包装的选区，按【Ctrl＋J】键复制一份牛奶层到新的图层，选中牛奶层添加图层蒙版，多余的范围会去掉，把混合模式修改为"正片叠底"。侧面边缘需要过度柔和，使用"画笔工具"，调整前景色为黑色，在图层蒙版上涂抹，黑色遮挡不显示，如图 12-23 所示。

图 12-23 添加图层蒙版

（13）使用"快速选择工具" 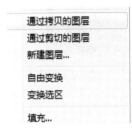 选中不同的水果，右键点击"通过拷贝的图层"把对象抠出来，复制一份放到包装盒文件中，摆放在合适的位置中，部分添加图层蒙版，做一个牛奶前后遮挡的关系效果。拉入文字素材放在侧面包装上，如图 12-24 所示。

图 12-24　抠出的水果放在包装盒上

（14）按【Ctrl+G】键把正面文件放置在一个组里，命名文件为正面，侧面再新建一个新的组，按【Ctrl+Alt+E】键合并两个组，鼠标右键点击垂直翻转图，按【Ctrl+T】键，再次使用调整，按【Ctrl】键，鼠标左键点击角点向上拖曳，可以得到如图 12-25 所示的效果，调整其透视关系。

图 12-25　透视图像进行翻转

（15）调整好透视之后，在投影本层加入图层蒙版，并做一个黑色到白色的线性渐变，让其逐渐消失，如图 12-26 所示。

图 12-26　加上投影调整

（16）加上文字，使用"横排文字工具"输入文字，右键调整透视与上层方法相同，添加图层样式，加描边和颜色叠加效果，如图 12-27 所示。

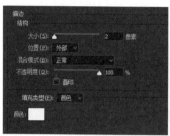

图 12-27　加上描边和颜色叠加效果

（17）至此完成全部案例，最终效果如图 12-28 所示。

图 12-28　最终效果图

任务三　了解海报设计

一、相关知识：海报设计

1. 海报设计的定义

海报设计是在平面设计的基础之上，随着广告新兴的行业之一。其特征主要表达的是广告的元素，结合媒体的使用特征，通过设计软件进行制作的一种依靠视觉平面创意表达的艺术特征图像设计活动。

随着中国经济快速持续增长，市场竞争不断扩张，竞争日益激烈，"商"战早已发生了根本性的变化，广告从以前所谓的媒体发展投入上升到广告创意的竞争。"创意"成为广告商界最常用的流行词汇。"Creative"在英语中表示"创意"，含义是创造、创建、创成，从字面上理解为"创造意向"，从这一层面进行挖掘，广告创意是介于广告策划和广告表现制作之间的艺术构思活动。它指的就是根据限定的广告主题内容，经过思考和策划，运用艺术性手段，把所掌握的材料进行艺术性组合，塑造一个意向的过程。"创意"

就是广告的具象化表现。

2. 海报的表现形式

（1）招商海报。招商海报以宣传商业为主要目的，利用视觉化、艺术化、可视化的手法表现达到宣传商品的目的。招商海报需要明确主题，在文案的应用上突出重点，不宜太花哨。

（2）展览海报。展览海报主要用于展览会的宣传，常分布在街道、影剧院、展览会、商业区、车站、码头、公园等公共场所。作用涉及范围广泛，艺术表现力丰富，远视效果好。

（3）平面海报。平面海报设计是独立的、单体的海报独立广告文案，而海报设计包含有立体感。此类型海报需要诸多的元素进行排列组合设计，表现效果较抽象。平面海报设计没有较多拘束性，画面效果好、符合主题即可。因此，平面海报设计是一种低成本、观赏力强的画报。

二、任务解析：星空海报设计

▌要点提示

（1）使用画笔调整大小，使用柔角。

（2）让颜色层在星空图片范围内，按【Alt】键创建剪切蒙版。

（3）添加外发光效果。

（4）切出白色月牙状，并调整不透明度。

▌任务步骤

（1）新建画布，800像素×600像素，设置分辨率为72像素/英寸，如图12-29所示。

图 12-29 新建星空文件

（2）使用"矩形工具"画一个黑色矩形，并将其放在画布正中心，如图12-30所示。拖入图片素材，进行适当剪切使用"矩形选框工具"，不需要的部分按【Delete】键删除。

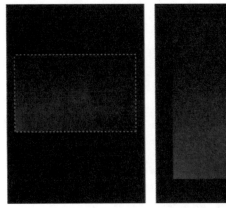

图 12-30　绘制矩形

（3）使用"画笔工具"并调整大小，使用柔角，新建一层进行绘制涂抹，设置红色和蓝色在本层绘制光晕，混合模式改为"叠加"，不透明度调整为"70％"，如图 12-31所示。

图 12-31　新建图层

（4）让颜色层在星空图片层范围内，按【Alt】键创建剪切蒙版。

（5）创建调整层点击添加亮度对比度，调整亮度/对比度的参数，拉入月球素材新建一层，建立剪切蒙版，按【Ctrl】键载入月球选区新建图层，填充蓝色，设置混合模式为"叠加"。这层开始创建剪切蒙版，只针对月球做的调整。新建图层，使用白色柔角画笔绘制蓝色星球底部白色反光，如图 12-32 所示。

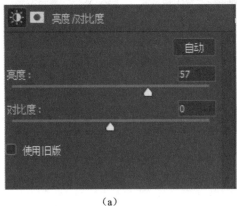

（a）　　　　　　　　　　　　　　　　（b）

（c）　　　　　　　　　　　　　　（d）

图 12-32　填充蓝色并调整月球的部分

（a）设置亮度/对比度；（b）设置色相/饱和度；（c）设置填充颜色；（d）完成效果

（6）创建新图层使用"套索工具"绘制不规则形状填充亮黄色，使用"滤镜"→"模糊"→"高斯模糊"命令模糊色块，调整大小和位置，使用"套索工具"删除中心的部分，留下黄色光带，如图 12-33 所示。

（7）新建一层，绘制一个色块，打开混合选项，调整渐变色，如图 12-34 所示。

（8）调整混合模式为"叠加"，如图 12-35 所示。

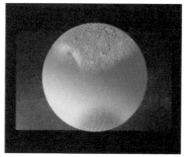

图 12-33　黄色光带的擦除　　　　　　　图 12-34　添加线性渐变

（a）　　　　　　　　　　　　　　（b）

图 12-35　设置混合模式为叠加

（a）设置渐变颜色；（b）效果

（9）使用同样的绘制方式和方法，画出其他的光带效果，并设置剪切蒙版。混合模式添加"颜色渐变叠加"和"外发光"效果。外发光的具体设置如图 12-36 所示。添加渐变叠加和外发光的效果如图 12-37 所示。

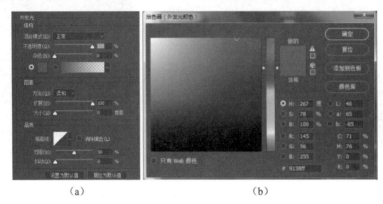

（a）　　　　　　　　　　　　　　（b）

图 12-36　设置外发光和外发光颜色

（a）设置外发光；（b）设置外发光颜色

图 12-37　添加渐变叠加和外发光的效果

（10）新建一个图层，添加渐变叠加和外发光效果。调整本层的混合模式为"滤色"，如图12-38和图 12-39 所示。

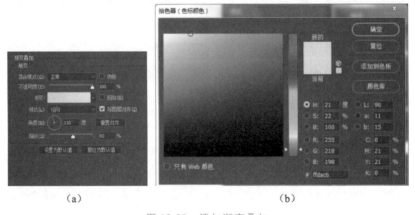

（a）　　　　　　　　　　　　　　（b）

图 12-38　添加渐变叠加

（a）设置渐变叠加；（b）设置色标颜色

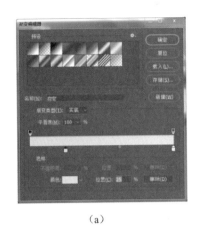

（a）　　　　　　　　　　　　　　　　　　（b）

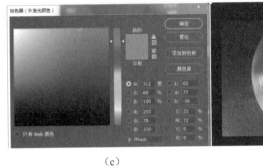

（c）　　　　　　　　　　　　　　　　　　（d）

图 12-39　外发光效果

（a）设置渐变颜色；（b）设置外发光；（c）设置外发光颜色；（d）效果

（11）新建一个图层，使用"椭圆选框工具"调整大小，颜色设置为"黄色"，添加图层蒙版，使用"渐变工具"，使黑白色有一个逐渐消失的效果，形成月牙形状，并且调整不透明度为"48%"，如图 12-40 所示。

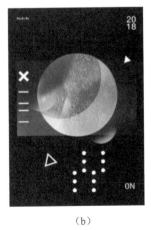

（a）　　　　　　　　　　　　　　　　　　（b）

图 12-40　创建椭圆选区并调整不透明度

（a）创建并设置椭圆区；（b）调整不透明度

（12）与上面一样用两个圆切出白色月牙状，并且调整"不透明度"为"48％"。

（13）画一个矩形。用圆形切除不需要的部分。使用滤镜杂色添加杂色，然后在右侧画一个黑色长方形，添加一个图层蒙版，用柔边画笔擦除底下的部分。

（14）按【Ctrl＋Alt＋E】键合并星球的部分为一层作为背景，添加高斯模糊，放在图层后面，加上星空素材。

（15）添加进去一些基本元素。使用"矩形工具"绘制一些元素符号，方形条或者是三角形状。到这里基本海报内容就都做完了，其实就是添加基本形状、图层与文字蒙版。文字转换为形状，用"直接选择工具"，选择锚点拉长。再拉入星空素材，画一个淡蓝色矩形并调整不透明度，覆盖住素材，用曲线调亮画面，复制做好的月亮并放大。给海报本体添加两个投影，把文字元素复制到背景即可完成，最终效果如图12-41 所示。

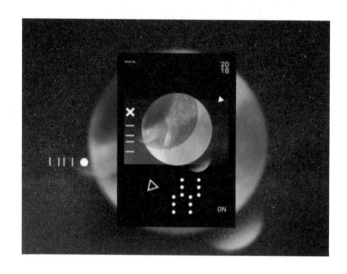

图 12-41　最终效果图

课后练习

☞ **操作题**

1. 设计一幅饮料海报，如图 12-42 所示。

2. 设计果汁包装平面广告，如图 12-43 所示。

图 12-42 饮料海报

图 12-43 果汁包装平面广告

附　录

Photoshop 操作快捷键

1. 与工具箱相关的快捷键（见附表 1）

附表 1　与工具箱有关的快捷键

功　能	按　键
多种工具共用一个快捷键	Shift
矩形、椭圆选框工具	M
裁剪工具	C
移动工具	V
套索、多边形套索、磁性套索	L
魔棒工具	W
修复工具	J
画笔工具	B
橡皮图章、图案图章	S
历史记录画笔工具	Y
橡皮擦工具	E
模糊、锐化、涂抹工具	R
减淡、加深、海绵工具	O
钢笔、自由钢笔、弯曲钢笔	P
添加锚点工具	＋
删除锚点工具	－
直接选取工具	A
文字、文字蒙版、直排文字、直排文字蒙版	T

续 表

功 能	按 键
形状工具	U
渐变工具与油漆桶工具	G
吸管、颜色取样器	I
抓手工具	H
缩放工具	Z
默认前景色和背景色	D
切换前景色和背景色	X
切换标准模式和快速蒙版模式	Q
标准屏幕模式、带有菜单栏的全屏模式、全屏模式	F
建立新渐变（在"渐变编辑器"中）	W

2. 与文件操作相关的快捷键（见附表 2）

附表 2　与文件操作相关的快捷键

功 能	按 键
新建	Ctrl＋N
用默认设置创建新文件	Ctrl＋Alt＋N
打开	Ctrl＋O
打开为…	Ctrl＋Shift＋Alt＋O
关闭	Ctrl＋W
存储	Ctrl＋S
存储为…	Ctrl＋Shift＋S
打印	Ctrl＋P

3. 与选择功能相关的快捷键（见附表 3）

附表 3　与选择功能相关的快捷键

功 能	按 键
全部选取	Ctrl＋A
取消选择	Ctrl＋D
重新选择	Ctrl＋Shift＋D
羽化选区	Shift＋F6
反向选择	Ctrl＋Shift＋I
载入选区	Alt＋S＋O

4. 与视图操作相关的快捷键（见附表 4）

附表 4　与视图操作相关的快捷键

功　能	按　键
显示彩色通道	Ctrl+～
显示单色通道	Ctrl+数字
显示复合通道	～
以 CMYK 方式预览（开关）	Ctrl+Y
打开/关闭色域警告	Ctrl+Shift+Y
放大视图	Ctrl++
缩小视图	Ctrl+-
按屏幕大小缩放	Ctrl+0
实际像素显示	Ctrl+Alt+0
向上卷动一屏	PageUp
向下卷动一屏	PageDown
向左卷动一屏	Ctrl+PageUp
向右卷动一屏	Ctrl+PageDown
向上卷动 10 个单位	Shift+PageUp
向下卷动 10 个单位	Shift+PageDown
向左卷动 10 个单位	Shift+Ctrl+PageUp
向右卷动 10 个单位	Shift+Ctrl+PageDown
显示/隐藏标尺	Ctrl+R
显示/隐藏参考线	Ctrl+;
显示/隐藏网格	Ctrl+"
贴紧参考线	Ctrl+Shift+;
锁定参考线	Ctrl+Alt+;
贴紧网格	Ctrl+Shift+"
显示/隐藏"画笔"面板	F5
显示/隐藏"颜色"面板	F6
显示/隐藏"图层"面板	F7
显示/隐藏"信息"面板	F8
显示/隐藏"动作"面板	F9
显示/隐藏所有命令面板	Tab
显示或隐藏工具箱以外的所有面板	Shift+Tab

5. 与文字处理相关的快捷键（在文字工具对话框中）（见附表 5）

附表 5　与文字处理相关的快捷键

功　能	按　键
左/右选择 1 个字符	Shift+←/→
选择所有字符	Ctrl+A
选择从插入点到鼠标单击点的字符	按【Shift】键并单击
左/右移动 1 个字符	←/→
上/下移动 1 行	↑/↓
左/右移动 1 个字	Ctrl+←/→
将所选文本的文字大小减小 2 个像素	Ctrl+Shift+<
将所选文本的文字大小增大 2 个像素	Ctrl+Shift+>
将所选文本的文字大小减小 10 个像素	Ctrl+Alt+Shift+<
将所选文本的文字大小增大 10 个像素	Ctrl+Alt+Shift+>
将行距减小 2 个像素	Alt+↓
将行距增大 2 个像素	Alt+↑
将基线位移减小 2 个像素	Shift+Alt+↓
将基线位移增加 2 个像素	Shift+Alt+↑
将字距微调或字距调整减小 20/1 000 ems	Alt+←
将字距微调或字距调整增加 20/1 000 ems	Alt+→
将字距微调或字距调整减小 100/1 000 ems	Ctrl+Alt+←
将字距微调或字距调整增加 100/1 000 ems	Ctrl+Alt+→

6. 与编辑操作相关的快捷键（见附表 6）

附表 6　与编辑操作相关的快捷键

功　能	按　键
还原混合更改	Ctrl+Z
后退一步	Ctrl+Alt+Z
前进一步	Ctrl+Shift+Z
剪切	Ctrl+X
拷贝	Ctrl+C
合并拷贝	Ctrl+Shift+C
粘贴	Ctrl+V
自由变换路径	Ctrl+T
应用自由变换（在自由变换模式下）	Enter

续　表

功　能	按　键
自由变换复制的像素数据	Ctrl＋Shift＋T
再次变换复制的像素数据	Ctrl＋Shift＋Alt＋T
删除选框中的图案或选取的路径	Del
用背景色填充所选区域或整个图层	Ctrl＋BackSpace 或 Ctrl＋Del
用前景色填充所选区域或整个图层	Alt＋Backspace 或 Alt＋Del
弹出"填充"对话框	Shift＋Backspace
从历史记录中填充	Alt＋Ctrl＋Backspace

7. 与图像调整相关的快捷键（见附表 7）

附表 7　与视图操作相关的快捷键

功　能	按　键
调整色阶	Ctrl＋L
自动调整色阶	Ctrl＋Shift＋L
打开"曲线"调整对话框	Ctrl＋M

8. 与图层操作相关的快捷键（见附表 8）

附表 8　与图层操作相关的快捷键

功　能	按　键
从对话框新建一个图层	Ctrl＋Shift＋N
以默认选项建立一个新的图层	Ctrl＋Alt＋Shift＋N
通过复制建立一个图层	Ctrl＋J
通过剪切建立一个图层	Ctrl＋Shift＋J
与前一图层编组	Ctrl＋G
取消编组	Ctrl＋Shift＋G
向下合并或合并链接图层	Ctrl＋E
合并可见图层	Ctrl＋Shift＋E
将当前层下移一层	Ctrl＋〔
将当前层上移一层	Ctrl＋〕
将当前层移到最下面	Ctrl＋Shift＋〔
将当前层移到最上面	Ctrl＋Shift＋〕
选中下一个图层	Alt＋〔

续　表

功　能	按　键
选中上一个图层	Alt＋]
调整当前图层的透明度（当前工具为无数字参数的，如移动工具）	0～9
锁定透明像素	/
投影效果（在"图层样式"对话框中）	Ctrl＋1
内阴影效果（在"图层样式"对话框中）	Ctrl＋2
外发光效果（在"图层样式"对话框中）	Ctrl＋3
内发光效果（在"图层样式"对话框中）。	Ctrl＋4
斜面和浮雕效果（在"图层样式"对话框中）	Ctrl＋5
盖印	Ctrl＋Alt＋Shift＋E

参 考 文 献

[1] 姚海军 . Photoshop CS2 图形图像处理 ［M］. 长沙：国防科技大学出版社，2013.

[2] 李斌，鲁丰玲 . Photoshop 图形图像处理案例教程 ［M］. 北京：北京邮电大学出版社，2013.

[3] 刘堂发，张明全 . Photoshop CS4 平面图像设计 ［M］. 武汉：华中师范大学出版社，2011.

[4] 李秀娟，杨葳 . Photoshop CS 基础与案例教程 ［M］. 北京：北京邮电大学出版社，2016.

[5] 李立新，汤国红 . 中文版 Photoshop CC 2018 图像处理实用教程 ［M］. 北京：清华大学出版社，2018.

[6] 李涛 . Photoshop CC 2015 中文版案例教程 ［M］. 2 版 . 北京：高等教育出版社，2018.

[7] 肖静 . Photoshop CC 2018 基础教程 ［M］. 北京：清华大学出版社，2018.

[8] 吴建平 . Photoshop CC 图形图像处理任务驱动式教程 ［M］. 3 版 . 北京：机械工业出版社，2017.